Lecture Notes in Mathematics

Edited by A. Dold and B. Eckmann

1137

Xiao Gang

T0219839

Surfaces fibrées en courbes de genre deux

Springer-Verlag
Berlin Heidelberg New York Tokyo

Auteur

XIAO Gang
Department of Mathematics, East China Normal University
Shanghai 200062, People's Republic of China

Mathematics Subject Classification (1980): 14J10

ISBN 3-540-15662-3 Springer-Verlag Berlin Heidelberg New York Tokyo
ISBN 0-387-15662-3 Springer-Verlag New York Heidelberg Berlin Tokyo

Printing and binding: Beltz Offsetdruck, Hemsbach/Bergstr.
2146/3140-543210

Introduction

La classification des surfaces algébriques semble étroitement liée à la méthode de fibration: la simplicité d'une surface réglée tient au fait qu'elle admet un réglage qui est une fibration dont les fibres sont les courbes les plus simples ($\mathbb{P}^1$) ; de même les surfaces elliptiques occupent une place non moins importante dans la théorie de la classification parce qu'elles ont une fibration elliptique qui donne beaucoup de renseignements sur la surface.

Suivant cette ligne, on peut penser que les surfaces ayant une fibration dont une fibre générale est de genre 2 forment une continuation naturelle dans cette théorie, bien que la situation se complique vite avec l'accroissement du genre de la fibre. D'autant plus que les surfaces de type général n'ont ni réglage ni fibration elliptique; donc, comme les courbes de genre 2 sont les plus simples parmi les courbes de type général, les surfaces munies d'une fibration dont les fibres générales sont de genre 2 doivent être les plus simples parmi les surfaces de type général.

Le but de ce monographe est donc d'étudier la classification des surfaces (complexes algébriques) admettant une fibration dont les fibres sont de genre 2. On considère d'abord la question "géographique", c'est-à-dire l'existence des fibrations ayant des invariants numériques donnés, puis la relation entre les invariants numériques et la dimension de Kodaira d'une surface fibrée en courbes de genre 2, pour dire qu'à part une famille finie, ces surfaces sont de type général. Pour ces dernières surfaces, nous déterminons leurs applications canoniques et bicanoniques. Enfin, on montre qu'en général, la fibration en courbes de genre 2 est unique pour une telle surface donnée, ce qui signifie que la surface est bien caractérisée par la fibration.

Pour être plus précis, fixons d'abord quelques notations qui seront suivies tout au long du texte. Les surfaces sont supposées lisses et projectives, définies sur le corps complexe $\mathbf{C}$. Une fibration d'une telle surface S est par définition un morphisme à fibres connexes

$$f: S \longrightarrow C$$

sur une courbe lisse C . Nous notons par b le genre de la base C , g le genre d'une fibre générale F de f . Puisqu'un pinceau Λ sur une surface ne conduit à une fibration qu'après l'éclatement des points de base de Λ , nous ne supposons pas en général que la surface S soit minimale. Par contre, elle sera relativement minimale par rapport à f , c'est-à-dire S n'a pas de courbe exceptionnelle contenue dans une fibre de f . Il est bien connu que quand $g \geq 1$, le modèle relativement minimal d'une fibration est unique. Une fibration est dite de genre 2 si les fibres générales sont des courbes de genre 2.

Pour les fibrations de genre 2, Horikawa [1] a observé une relation entre les propriétés des fibres singulières et les invariants numériques de S , par une étude du revêtement double de S sur une surface réglée induit par les revêtements hyperelliptiques des fibres de f . L'image de ce revêtement double a un modèle relativement minimal canonique, qui est le fibré projectif associé à $f_*\omega_{S/C}$. Dans le §1, nous donnons une démonstration de la positivité du faisceau $f_*\omega_{S/C}$, qui servira à cadrer les fibrations éventuelles. Puis nous définissons un autre invariant numérique e de la fibration qu'on peut considérer comme l'instabilité du fibré $f_*\omega_{S/C}$. Nous donnons aussi une interprétation des formules de Horikawa qui convient mieux à notre besoin ultérieur.

Le §2 est consacré à la question géographique, avec une "zone d'existence" des fibrations de genre 2 décrite par des inégalités données comme les bornes inférieures et supérieures de K_S^2 en terme des autres invariants numériques (Théorème 2.2). Ces inégalités sont un peu compliquées, mais en terme de la pente λ définie dans le paragraphe 2.6, elles donnent une conconséquence $2 \leqq \lambda \leqq 7$, ce qui conduit directement à un fait conjecturé par Persson [1]: $K_S^2 \leqq 8\chi(\mathcal{O}_S)$ (Corollaire du théorème 2.2)*.

Le côté opposé du problème est plus délicat: on n'a une solution satisfaisante que pour les cas avec $\lambda \leqq 4$ et $e \geqq 0$ (Théorème 2.9). Pour le reste, divers exemples et les méthodes de construction (2.6-2.8) donnent pas mal de fibrations, ce qui n'empêche pas le problème de rester partiellement résolu, parce que, non seulement il existe une possibilité de rétrécir davantage la zone d'existence, mais surtout il peut y avoir des "trous" au milieu de cette zone.

---

* L'auteur est informé de l'existence d'une démonstration non-publiée de cette inégalité avant la conjecture de Persson par K. Ueno, qui utilise une méthode décrite dans "Studies on degeneration" par Y. Namikawa, dans "Classification of Algebraic Varieties and Compact Complex Manifolds", Springer Lecture Notes in Math. N° 412, p. 165-210 .

Les résultats du §2 sont donnés sous des formes valables pour toutes fibrations de genre 2, mais en réalité pour le cas $q(S)>b$, on a beaucoup mieux dans le §3: on y donne une classification complète de ce cas. En effet, le fait que la fibration en jacobiennes associée à f a une partie fixe donne une décomposition des jacobiennes des fibres de f . Comme de telles jacobiennes ont des familles universelles au-dessus de certaines courbes modulaires, on trouve les fibrations universelles pour le cas $q=b+1$ en prenant les diviseurs Θ . Les valeurs des invariants numériques de ces fibrations universelles sont données dans le théorème 3.13. Comme ces fibrations universelles sont semi-stables, la pente d'une fibration avec $q=b+1$ est déterminée en fonction d'un "degré associé" défini au début du §3.

A la fin du §3, on utilise cette méthode de fibration en jacobiennes pour fabriquer une série de fibrations de genre 2 avec des pentes assez élevées (en fait jusqu'à infiniment proches de 7), que l'on ne sait pas construire autrement. En particulier, l'une d'entre elles donne un exemple de surfaces minimales avec $p_g=q=0$, $K^2=2$, dont le groupe de torsion est d'ordre 9 (exemple 4.11).

Dans le §4, nous donnons la liste des fibrations telles que la surface n'est pas minimale de type général (Théorème 4.5). En suite, des exemples montrent que les fibrations listées sont toutes réalisables.

Les deux derniers chapitres sont réservés aux surfaces de type général fibrées en courbes de genre 2. Au §5, on étudie les applications canoniques et bicanoniques d'une telle surface. D'abord, l'application canonique se factorise par la fibration de genre 2 si et seulement si $e \geqq p_g$ (Théorème 5.1), ce qui donne

$K_S^2 \geqq 4p_g-6$ d'après la zone d'existence délimitée dans le §2, donc compte tenu de Beauville [3, Démonstration du Lemme 5.3], on trouve comme corollaire que toute surface minimale de type général avec $K^2>9$ telle que son application canonique n'est pas génériquement finie vérifie $K^2 \geqq 4p_g-6$ (cf. Reid [1, Problem R.5]). Quand l'application canonique est génériquement finie, elle est dans la plupart du temps de degré 2 (Théorème 5.2). Quant au système bicanonique, il est sans point de base ni partie fixe sauf si $p_g=0$, $K^2=1$ (Théorème 5.5), et la liste de ces surfaces telles que l'application bicanonique n'est pas de degré 2 est donnée dans le théorème 5.6.

Enfin dans le §6, nous donnons la liste des surfaces de type général ayant plus d'un pinceau de courbes de genre 2. Nous terminons avec deux surfaces de type général avec respectivement 28 et 191 pinceaux de courbes de genre 2.

L'auteur tient à remercier A. Beauville, L. Illusie, M. Raynaud, L. Szpiro pour leur intérêt porté à ce travail, ainsi que Madame Bonnardel pour sa merveilleuse frappe.

Ce travail a été réalisé pendant le séjour de l'auteur à l'Université de Paris-Sud.

TABLE DES MATIÈRES

§1. PRÉLIMINAIRES

Le théorème suivant est un cas particulier d'un théorème de Fujita [1]. Nous donnons ici une démonstration indépendante de ce résultat.

Théorème 1.1. Soient S une surface lisse et projective sur $\mathbb{C}$,

$$f : S \longrightarrow C$$

une fibration. Alors le faisceau dualisant relatif $f_*\omega_{S/C}$ est localement libre de rang égal au genre g d'une fibre générale de f, et pour tout quotient localement libre E de $f_*\omega_{S/C}$, on a $\deg(E) \geq 0$. En particulier, $\deg(f_*\omega_{S/C}) \geq 0$.

Démonstration : (L'idée clé de cette démonstration (lemmes 1.2 et 1.3, étape I) est due à M. Raynaud). Nous montrons d'abord que $f_*\omega_{S/C}$ est localement libre.

Lemme 1.2. Soit F une fibre de f. On a $h^0(F, \mathcal{O}_F) = 1$.

Démonstration : Puisque le support de F est connexe, il y a exactement un hyperplan H dans $\Gamma(\mathcal{O}_F)$ qui est contenu dans le radical nilpotent de $\mathcal{O}_F$. Il revient donc de montrer que H est nul.

Supposons qu'il y ait une section non-nulle s dans H. Il y a un point lisse p dans le support de F tel que l'image $\underline{s}$ de s dans $\mathcal{O}_{F,p}$ ne soit pas nulle. Par hypothèse, le radical nilpotent de $\mathcal{O}_{F,p}$ est principal, donc dans le cadre analytique, on peut supposer que ce radical soit engendré par un élément $\underline{x}$ tel que : i) $\underline{s} = c\underline{x}^k$, où $k \in \mathbb{Z}^+$, c est un élément inversible de $\mathcal{O}_{F,p}$; ii) si x est un relèvement de $\underline{x}$ dans $\mathcal{O}_{S,p}$, alors il y a un entier n, $n > k$, tel que $y = x^n$ engendre l'image de l'idéal maximal de $\mathcal{O}_{C,q}$ par l'injection évidente

$$\mathcal{O}_{C,q} \longrightarrow \mathcal{O}_{S,p} ,$$

où q est l'image de F par f.

Maintenant soient m un multiple de $n : m = an$, $a \in \mathbb{Z}^+$, et

$$\pi : \tilde{C} \longrightarrow C$$

un revêtement fini tel que $(\pi_*\mathcal{O}_{\tilde{C}})_q = \mathcal{O}_{C,q}[t]/(t^m-y)$ (i.e. π est ramifié de degré m au-dessus de q). Nous avons alors une fibration de pull-back (où $\tilde{S}$ est la normalisée de $S\times_C\tilde{C}$)

$$\begin{array}{ccc} \tilde{S} & \xrightarrow{\Pi} & S \\ {\scriptstyle\tilde{f}}\downarrow & & \downarrow{\scriptstyle f} \\ \tilde{C} & \xrightarrow{\pi} & C \end{array} .$$

Soit $\tilde{F}$ la fibre au-dessus de $\pi^{-1}(q)$ (donc $\Pi^*(F) = m\tilde{F}$). Nous avons

$$(\mathcal{O}_S \otimes \mathcal{O}_{\tilde{C}})_p = \mathcal{O}_{S,p}[t]/(t^m-y) = \mathcal{O}_{S,p}[t]/(t^a-\alpha x)(t^a-\alpha^2 x)\ldots(t^a-x) ,$$

où $\alpha = \exp(\frac{2\pi i}{n})$. On constate tout de suite que $\Pi^{-1}(p)$ est composé de n points $p_1,\ldots,p_n$ tels que $t^a = \alpha^i x$ dans $\mathcal{O}_{\tilde{S},p_i}$. Par hypothèse, il y a deux indices i et j tels que $\alpha^{ik}x^k \neq \alpha^{jk}x^k$, ce qui entraîne que $\Pi^*(s)$, qui est un élément non-nul dans $\Gamma(\mathcal{O}_{m\tilde{F}})$, n'est pas contenu dans le sous-espace $\mathbb{C}\oplus\mathbb{C}t\oplus\mathbb{C}t^2\oplus\ldots\oplus\mathbb{C}t^{m-1}$ de $\Gamma(\mathcal{O}_{m\tilde{F}})$, en particulier $h^0(\mathcal{O}_{m\tilde{F}}) > m$. Mais il est clair que $h^0(\mathcal{O}_{m\tilde{F}}) \leqq m h^0(\mathcal{O}_{\tilde{F}})$, donc $h^0(\mathcal{O}_{\tilde{F}}) > 1$. D'autre part, quand m est un multiple commun des multiplicités des composantes de F, $\tilde{F}$ est réduite. De plus, par la factorisation de Stein, $\tilde{F}$ est connexe, donc $h^0(\mathcal{O}_{\tilde{F}}) = 1$, contradiction. CQFD

Maintenant la formule d'adjonction dit que pour toute fibre F de f, le caractère d'Euler-Poincaré $\chi(\mathcal{O}_F) = h^0(\mathcal{O}_F) - h^1(\mathcal{O}_F)$ est constant, donc par le lemme 1.2, $h^1(\mathcal{O}_F) = h^0(\omega_F)$ est constant, d'où par le théorème de Grauert (voir Hartshorne [1, III.12.9]), le faisceau $f_*\omega_{S/C}$ est localement libre de rang g, et pour tout point $p\in C$, l'application

$$f_*\omega_{S/C}\otimes k(p) \longrightarrow H^0(\omega_F) ,$$

où F est la fibre au-dessus de p, est un isomorphisme.

Montrons maintenant la deuxième assertion du théorème. Remarquons que $f_*\omega_{S/C}$ est le dual du faisceau $R^1f_*\mathcal{O}_S$, et que

$$R^1f_*\mathcal{O}_S\otimes k(p) \longrightarrow H^1(\mathcal{O}_F)$$

est aussi un isomorphisme.

<u>Lemme</u> 1.3. $R^1f_*\mathcal{O}_S$ est l'algèbre de Lie relative de la fibration en jacobiennes associée à f.

Démonstration : Nous avons une suite exacte

$$0 \longrightarrow \mathbb{Z} \longrightarrow \mathcal{O}_S \longrightarrow \mathcal{O}_S^{\times} \longrightarrow 0 ,$$

qui donne la suite exacte

$$R^1 f_* \mathbb{Z} \longrightarrow R^1 f_* \mathcal{O}_S \longrightarrow R^1 f_* \mathcal{O}_S^{\times} \longrightarrow R^2 f_* \mathbb{Z} .$$

Au-dessus d'un point p de C, ceci devient

$$H^1(F,\mathbb{Z}) \longrightarrow H^1(F,\mathcal{O}_F) \longrightarrow \mathrm{Pic}\, F \longrightarrow H^2(F,\mathbb{Z}) ,$$

donc $R^1 f_* \mathcal{O}_S$ restreint à p est l'algèbre de Lie de $J(F)$. CQFD

Par la dualité entre $f_* \omega_{S/C}$ et $R^1 f_* \mathcal{O}_S$, il nous suffit de montrer que pour tout sous-faisceau E' de $R^1 f_* \mathcal{O}_S$, $\deg(E') \leqq 0$, ce qui se fait en 4 étapes :

I) Toute section globale de $R^1 f_* \mathcal{O}_S$ est de degré 0.

En effet, l'algèbre de Lie de la partie constante J de la fibration en jacobiennes associée à f est évidemment un facteur direct trivial E_1 de $R^1 f_* \mathcal{O}_S$, dont le rang est égal à $\dim J$. Mais on a un diagramme commutatif suivant :

$$\begin{array}{ccc} S & \longrightarrow & \mathrm{Alb}(S) \\ f \downarrow & & \downarrow \Phi \\ C & \longrightarrow & J(C) \end{array} ,$$

ce qui montre facilement $\dim J = \dim \mathrm{Alb}(S) - \dim J(C) = q(S) - g(C)$. D'autre part, la suite spectrale de Leray donne

$$h^1(\mathcal{O}_S) = h^1(\mathcal{O}_C) + h^0(R^1 f_* \mathcal{O}_S) = g(C) + h^0(R^1 f_* \mathcal{O}_S) ,$$

donc $h^0(E_1) = \mathrm{rang}(E_1) = h^0(R^1 f_* \mathcal{O}_S)$, d'où les sections globales de $R^1 f_* \mathcal{O}_S$ engendrent un sous-fibré trivial E_1.

II) Si $\mathrm{rang}(E') = 1$, on a $\deg(E') \leqq 0$.

Supposons au contraire $\deg(E') > 0$. Alors comme E' est ample, il existe un entier $n \gg 0$ tel que le système linéaire $|E'^{\otimes n}|$ contienne un diviseur réduit D. D correspond à une injection $E'^{\otimes n} \longrightarrow \mathcal{O}_C$, qui définit de façon évidente une structure d'anneau sur

$$\mathcal{O}_C \oplus E'^{\otimes -1} \oplus E'^{\otimes -2} \oplus \ldots \oplus E'^{\otimes -n+1} .$$

Par hypothèse, $\mathrm{Spec}(\mathcal{O}_C \oplus \ldots \oplus E'^{\otimes -n+1})$ est une courbe lisse C, avec un revêtement cyclique $\pi : \tilde{C} \longrightarrow C$ de degré n qui est ramifié le long de D. Soit $\tilde{f} : \tilde{S} \longrightarrow \tilde{C}$ le pull-back de f par π. On peut choisir D tel que les fibres de f au-dessus de D soient lisses, dans ce cas $\tilde{S}$ est une surface lisse, et $R^1\tilde{f}_*\mathcal{O}_{\tilde{S}} = \pi^*(R^1 f_*\mathcal{O}_S)$ a un sous-faisceau inversible $\tilde{E}' = \pi^* E'$. Mais par construction, on a

$$\deg(\tilde{E}') = n \deg(\tilde{E}') > 0 \quad , \quad h^0(E') \neq 0 \; ,$$

ce qui contredit l'étape I) appliquée à $\tilde{f}$.

III) Soit E un faisceau localement libre de rang 2 sur C, et $\deg(E) > 0$. Il existe un revêtement fini $\pi : \tilde{C} \longrightarrow C$ qui est étale au-dessus des images des fibres singulières de f, tel que le pull-back $\tilde{E}$ de E ait un sous-faisceau inversible de degré positif. Donc comme dans le pas II), $R^1 f_*\mathcal{O}_S$ n'a pas de sous-faisceau de rang 2 et de degré positif.

Soient $P = \mathrm{Proj}(E)$, et

$$0 \longrightarrow E_1 \longrightarrow E \longrightarrow E_2 \longrightarrow 0$$

une filtration de E telle que le degré de E_1 soit maximal. P est une surface réglée sur C ayant une section C_0 correspondant à la filtration de E telle que $C_0^2 = \deg(E_2) - \deg(E_1)$. On peut supposer

$$\deg(E_1) \leqq 0 < \deg(E_2) \; .$$

Soient a,b deux entiers positifs tels que

$$(1) \qquad -\deg(E_1) < \frac{b}{a} < \tfrac{1}{2}C_0^2 \; .$$

Par le critère de Nakai sur l'amplitude (voir Hartshorne [1, V.2.21]), le diviseur $aC_0 - bF$ dans P est ample, où F est une fibre de P sur C, donc pour un entier $n \gg 0$, il y a un diviseur lisse et irréductible D dans le système $|naC_0 - nbF|$. Soit $\pi : \tilde{C} \longrightarrow C$ un revêtement galoisien qui se factorise par la projection de D sur C. (Donc $\deg\pi = kn$, $k \in \mathbb{N}^+$). On peut choisir D et π tels qu'au-dessus du lieu de branchement de π sur C, les fibres de f soient lisses.

Soient $\tilde{E} = E \times_C \tilde{C}$, $\tilde{P} = P \times_C \tilde{C}$, avec $\Pi : \tilde{P} \longrightarrow P$ le revêtement induit par π. On a $\tilde{P} = \mathrm{Proj}(\tilde{E})$. Il est bien connu que $\Pi^*(D)$ est composé de na sections $C_1, \ldots, C_{na}$ sur $\tilde{C}$ qui sont dans la même classe numérique de $\mathrm{Pic}(\tilde{P})$.

Puisque $(\Pi^*D)^2 = knaD^2$, on a

$$c_1^2 = (\frac{1}{na}\Pi^*D)^2 = \frac{k}{na}D^2 .$$

Si

$$0 \longrightarrow \tilde{E}_1 \longrightarrow \tilde{E} \longrightarrow \tilde{E}_2 \longrightarrow 0$$

est la filtration de $\tilde{E}$ correspondant à la section C_1 , on a

$$\deg(\tilde{E}_2) - \deg(\tilde{E}_1) = c_1^2 = \frac{k}{na}(n^2a^2c_0^2-2n^2ab)$$

$$= kn(a.\deg(E_2)-a.\deg(E_1)-2b) .$$

D'autre part,

$$\deg(\tilde{E}_2) + \deg(\tilde{E}_1) = \deg(\tilde{E}) = kna.\deg(E)$$

$$= kna(\deg(E_1)+\deg(E_2)) ,$$

ce qui donne

$$\deg(\tilde{E}_1) = kn(a.\deg(E_1)+b) > 0 , \qquad \text{(par (1))}$$

donc $\tilde{E}_1$ est le sous-faisceau cherché.

IV) Soit E un faisceau localement libre de degré positif sur C . Il existe un revêtement fini $\pi : \tilde{C} \longrightarrow C$ étale au-dessus des images des fibres singulières de f , tel que le pull-back $\tilde{E}$ de E ait un sous-faisceau inversible de degré positif. Donc $R^1f_*\mathcal{O}_S$ n'a pas de sous-faisceau de degré positif.

Nous faisons la récurrence sur le rang de E . Supposons $\text{rang}(E) \geq 3$. Nous disons qu'un changement de base $\pi : \tilde{C} \longrightarrow C$ est convenable si π est étale au-dessus des images des fibres singulières de f .

Soit $\lambda(E) = \deg(E)/\text{rang}(E)$ la pente de E . Quitte à faire un changement de base convenable, on peut supposer que $\lambda(E)$ soit un entier pair. Soit α le nombre réel défini comme suit :

$$\alpha = \text{Sup}\left\{ \begin{array}{l} \deg(\tilde{E}_1)/\lambda(\tilde{E}) \ ; \ \tilde{E} \text{ pull-back de } E \text{ par un changement} \\ \text{de base convenable, } \tilde{E}_1 \text{ sous-faisceau inversible de } \tilde{E} \end{array} \right\} .$$

Il suffit de trouver une contradiction en supposant $\alpha \leq 0$.

Soient α_1 le plus grand entier strictement inférieur à α, $\alpha_2 = \alpha_1+1$ (donc $\alpha_2 \geqq \alpha$). Modulo un changement de base convenable, nous pouvons supposer que E ait un sous-fibré inversible E_1 tel que $\deg(E_1) > \alpha_1\lambda(E)$. Par hypothèse $\deg(E_1) \leqq 0 < \lambda(E)$, donc $\lambda(E/E_1) > \lambda(E)$. Comme $\mathrm{rang}(E/E_1) = \mathrm{rang}(E)-1$, par l'hypothèse de récurrence appliquée à $E/E_1 \otimes L$, où L est un faisceau inversible de degré $-\lambda(E)$, on peut supposer, après un changement de base convenable, que E/E_1 ait un sous-fibré inversible E_2 avec $\deg(E_2) > \lambda(E)$. Soit E' l'image réciproque de E_2 dans E. On a une filtration

$$0 \longrightarrow E_1 \longrightarrow E' \longrightarrow E_2 \longrightarrow 0 ,$$

donc

$$\deg(E') = \deg(E_1)+\deg(E_2) > (\alpha_1+1)\lambda(E) = \alpha_2\lambda(E) .$$

Maintenant par l'étape III) appliquée au faisceau $E'\otimes L'$ où L' est inversible avec $\deg(L') = -\frac{1}{2}\alpha_2\lambda(E)$, on trouve un changement de base convenable $\pi : \tilde{C} \longrightarrow C$ tel que $\pi^*(E')$ ait un sous-faisceau inversible $\tilde{E}_1'$ avec $\deg(\tilde{E}_1') > \frac{1}{2}\alpha_2\lambda(\tilde{E}) \geqq \alpha\lambda(\tilde{E})$, où $\tilde{E} = \pi^*(E)$, contradiction avec la définition de α.

Le théorème est donc démontré. CQFD

<u>Corollaire</u>. Si L est un faisceau inversible ample sur C, alors

$$h^1(S,f^*L^{-1}) = h^1(C,L^{-1}) = \deg(L)+b-1 .$$

<u>Démonstration</u> : La suite spectrale de Leray nous donne

$$h^1(S,f^*L^{-1}) = h^1(C,L^{-1}) + h^0(C,R^1f_*\mathcal{O}_S \otimes L^{-1}) ,$$

mais par le théorème, $h^0(R^1f_*\mathcal{O}_S \otimes L^{-1}) = 0$, d'où le corollaire. CQFD

Puisque nous avons $f_*\mathcal{O}_S = \mathcal{O}_C$, d'après la suite spectrale de Leray et le théorème de Riemann-Roch pour les faisceaux localement libres sur C, nous avons

$$\begin{aligned}\chi(\mathcal{O}_S) &= \chi(\mathcal{O}_C) - \chi(R^1f_*\mathcal{O}_S) \\ &= -\deg(R^1f_*\mathcal{O}_S) + (g-1)(b-1) ,\end{aligned}$$

donc l'inégalité $\deg(R^1f_*\mathcal{O}_S) \leqq 0$ (qui est la même chose que $\deg(f_*\omega_{S/C}) \geqq 0$ par la dualité relative) est équivalente à

$$\chi(\mathcal{O}_S) \geqq (g-1)(b-1) .$$

Cette dernière inégalité est prouvée dans Beauville [1], où il est démontré en plus que si l'égalité a lieu, f est une fibration isotriviale et lisse.

Maintenant soit P le fibré projectif sur C associé à $f_*\mathcal{O}_S$ qui est le dual de $f_*\omega_{S/C} = f_*\omega_S \otimes \omega_C^{-1}$. On a une application "canonique relative" Φ au-dessus de C :

$$\begin{array}{ccc} S & \overset{\Phi}{\dashrightarrow} & P \\ & {\scriptstyle f}\searrow \quad \swarrow & \\ & C & \end{array} .$$

Cette application rationnelle Φ est définie par un système linéaire $|K_S+f^*D|$, pour un diviseur D suffisamment ample sur C . Elle est génériquement de degré 2 ou birationnelle, suivant que les fibres générales de f sont hyperelliptiques ou non, et l'image par Φ d'une fibre générale de f est une courbe rationnelle de degré $g-1$ (ou une courbe canonique de degré $2g-2$) dans l'espace P^{g-1} , qui est la fibre correspondante de P sur C .

Nous supposons désormais $g=2$ sauf mention expresse du contraire. Dans ce cas Φ est génériquement un revêtement double sur P qui est une surface réglée sur C , et nous pouvons définir un invariant numérique e de la fibration f par les deux façons suivantes qui sont équivalentes :

i) Si E_1 est un sous-fibré de degré maximal de $f_*\omega_S$, et si

$$0 \longrightarrow E_1 \longrightarrow f_*\omega_S \longrightarrow E_2 \longrightarrow 0$$

est la filtration de $f_*\omega_S$, alors $e = \deg(E_1) - \deg(E_2)$.

ii) Il y a une section C_0 de P au-dessus de C , de carré minimal, et $e = -C_0^2$.

Puisque $g=2$, nous avons

(2) $$\chi(\mathcal{O}_S) \geqq b-1 ,$$

avec égalité si et seulement si f est isotriviale et lisse. Aussi (cf. Beauville [1]) nous avons $b \leqq q(S) \leqq b+2$, et $q(S) = b+2$ si et seulement si f est triviale.

Dans le reste de ce §, nous allons interpréter les formules de Horikawa [1]. Soit $S_1 \longrightarrow S$ l'éclatement minimal des points (y compris les points infiniment proches, et pareil dans la suite) de S où Φ n'est pas définie, donc Φ induit un morphisme $S_1 \longrightarrow P$ génériquement de degré 2, et on a un diviseur réduit R' dans P qui est le diviseur de branchement de ce morphisme. D'après Riemann-Hurwitz, $R'F = 6$ pour une fibre générale F de P sur C .

Soit $\psi' : \widetilde{P} \longrightarrow P$ l'éclatement des points singuliers de R'. Il est bien connu (voir par exemple Persson [3]) qu'il y a un diagramme commutatif uniquement déterminé

$$\begin{array}{ccc} \widetilde{S} & \xrightarrow{\widetilde{\Phi}} & \widetilde{P} \\ \rho \downarrow & & \downarrow \psi' \\ S & \overset{\Phi}{\dashrightarrow} & P \end{array},$$

tel que $\widetilde{\Phi}$ soit un revêtement double, $\widetilde{S}$ une surface lisse, ρ un morphisme birationnel.

Soient $\underline{\widetilde{R}}$ le diviseur de branchement de $\widetilde{\Phi}$, $x_1,\ldots,x_k$ les points éclatés par ψ' (y compris les points infiniment proches), $\mathcal{E}_i$ l'image réciproque de x_i dans $\widetilde{P}$, E_i la composante de $\mathcal{E}_i$ qui domine x_i . On a un diviseur $\widetilde{\delta}$ dans $\widetilde{P}$ tel que $2\widetilde{\delta} \equiv \underline{\widetilde{R}}$ (où "$\equiv$" signifie l'équivalence linéaire), et

$$K_{\widetilde{S}} \equiv \widetilde{\Phi}^*(K_{\widetilde{P}}+\widetilde{\delta}) \equiv \widetilde{\Phi}^*\{\psi'^*(K_P+\delta') - \sum_{i=1}^{k} a_i\mathcal{E}_i\} ,$$

où δ' est un diviseur dans P tel que $2\delta' \equiv R'$. Il est facile de voir que les a_i sont des entiers non-négatifs.

<u>Définition</u>. On appelle x_i un point négligeable si $a_i = 0$, et $a_j = 0$ pour tout point x_j infiniment proche à x_i .

Par exemple, les points doubles et les points triples dont les 3 branches ne sont pas tangentes à une même direction sont des points singuliers négligeables de R'.

Nous avons une factorisation de ψ' :

$$\psi' : \widetilde{P} \xrightarrow{\psi''} \hat{P} \xrightarrow{\psi} P$$

telle que ψ (resp. ψ'') est l'éclatement des points non-négligeables (resp. négligeables). Cela nous conduit à un autre diagramme, plus utile que le premier :

$$\begin{array}{ccc} \tilde{S} & \xrightarrow{\hat{\Phi}} & \hat{P} \\ \rho\downarrow & & \downarrow\psi \\ S & \overset{\Phi}{\dashrightarrow} & P \end{array}$$

où $\hat{\Phi} = \psi''\circ\tilde{\Phi}$, et nous avons encore

$$K_{\tilde{S}} \equiv \hat{\Phi}^*(K_{\hat{P}}+\hat{\delta}) \equiv \hat{\Phi}^*\{\psi^*(K_P+\delta') - \sum_{i=1}^{\ell} a_i\boldsymbol{\delta}_i\} ,$$

où $\hat{\delta} = (\psi'')_*\tilde{\delta}$, $\boldsymbol{\delta}_i$ l'image réciproque de x_i dans $\hat{P}$, et x_i $(i=1,\ldots,\ell)$ les points non-négligeables.

Selon Horikawa [1], si F' est une fibre de P contenant un x_i non-négligeable, F' est de l'un des deux types suivants :

A) (types I et II de Horikawa) : les points x_i contenus dans F' sont au-dessus de deux points distincts de F'.

Dans ce cas il y a un même nombre de x_i non-négligeables sur chaque point ordinaire, notons donc $s_{F'}$ ce nombre. De plus, tous ces x_i sont des points simples de la fibre, et R' au voisinage de F' est comme suit :

R'

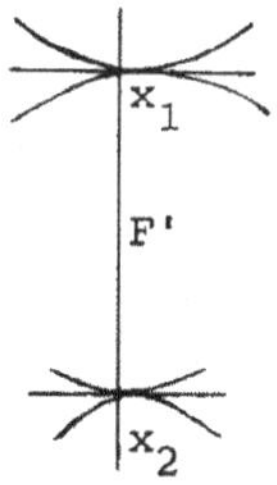

Tandis que l'image réciproque $F'_{\hat{P}}$ de F' dans $\hat{P}$ est comme suit :

$F'_{\hat{P}}$ =

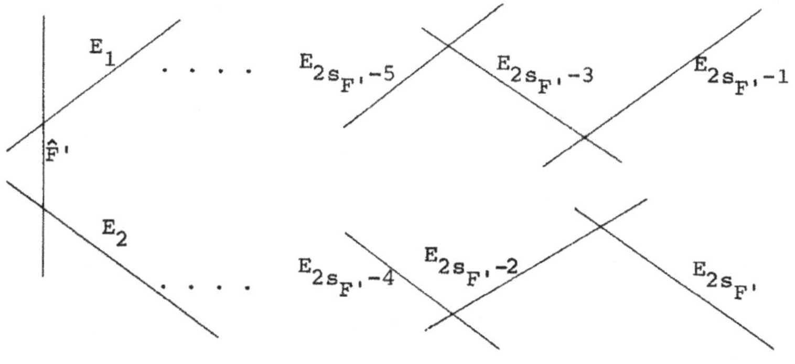

où toutes les composantes sont simples dans $F'_{\hat{P}}$, E_i sont définies comme dans le cas de $\tilde{\mathcal{P}}$, $\hat{F}'$ est le transformé strict de F'. Ici E_i est dans $\hat{\mathcal{R}} = (\psi'')_*\tilde{\mathcal{R}}$ si et seulement si $2s_{F'}-i \equiv 2$ ou $3 \pmod 4$, et $\hat{F}'$ est dans $\hat{\mathcal{R}}$, donc F' est dans R', si et seulement si $s_{F'}$ est impair. En chacun des deux points ordinaires x_1, x_2 de F', le diviseur $R' - \varepsilon_{F'}F'$ ($\varepsilon_{F'} = 0$ si $s_{F'}$ pair, $=1$ si $s_{F'}$ impair) a un point triple infiniment proche $s_{F'}$ fois avant de devenir négligeable.

La fibre correspondante dans S est comme suit :

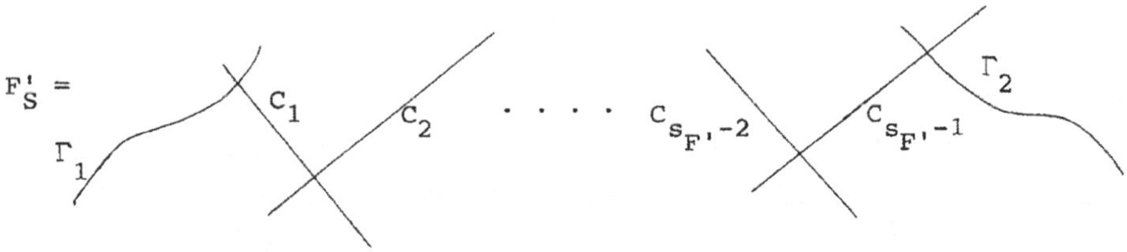

où Γ_1 et Γ_2 sont l'image réciproque de $E_{2s_{F'}-1}$ et $E_{2s_{F'}}$ respectivement, $\Gamma_i^2 = -1$, $\Gamma_i K_S = 1$, et les C_i sont des courbes rationnelles (irréductibles) de carré -2 , qui sont les images réciproques des $E_{2s_{F'}-4k}$ et $E_{2s_{F'}-4k-1}$ $(k \geqq 1)$. Dans le cas $s_{F'}$ pair, $C_{\frac{1}{2}s_{F'}}$ est l'image réciproque de $\hat{F}'$.

Nous notons par $\ell_{F'}$ le nombre de composantes de la fibre F'_S dans S . Nous avons

(3) $$\ell_{F'} \geqq s_{F'}+1 ,$$

avec égalité si et seulement si les Γ_i sont irréductibles, et ceci si et seulement si R' n'a pas de singularité négligeable sur F'.

Enfin, ρ restreint à F'_S est l'éclatement des $s_{F'}$ points d'intersection dans la figure de F'_S ci-dessus.

B) (types III, IV, V de Horikawa) : les x_i sont au-dessus d'un seul point de F'.

Dans ce cas ψ restreint à F' est l'éclatement d'un nombre pair de x_i $(i = 1,\dots,2s_{F'})$. R' au voisinage de F' est comme suit :

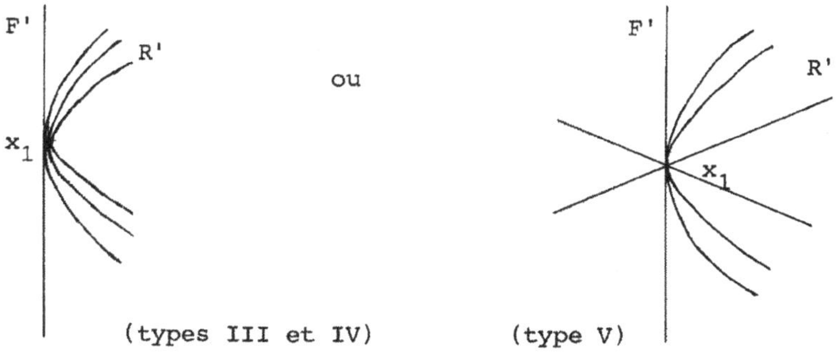

(types III et IV) (type V)

Le diviseur $R'-\varepsilon_{F'}F'$ ($\varepsilon_{F'}$ défini comme dans le type A)) a soit un point triple qui est infiniment proche $2s_{F'}$ fois avant de devenir négligeable, et ses 3 branches sont tangentes à F' (types III et IV) ; soit un point quartuple dont deux branches sont tangentes à F' (type V). Dans le dernier cas, on a $s_{F'} = 1$.

L'image réciproque de F' dans $\hat{P}$ est comme suit :

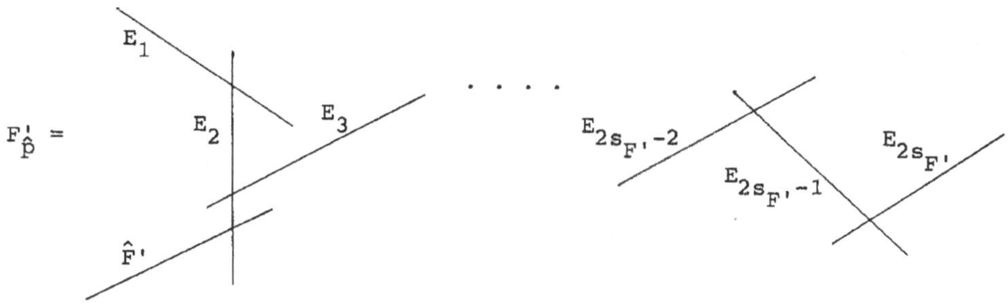

où les composantes sont de multiplicité 2 dans $F'_{\hat{P}}$ sauf E_1 et $\hat{F}'$ qui sont simples. Les composantes E_3 , E_5 , $E_7, \ldots, E_{2s_{F'}-1}$ sont contenues dans $\underline{\hat{R}}$, ainsi que E_1 si $s_{F'}$ est pair, ou $\hat{F}'$ si $s_{F'}$ est impair.

Dans S , on a

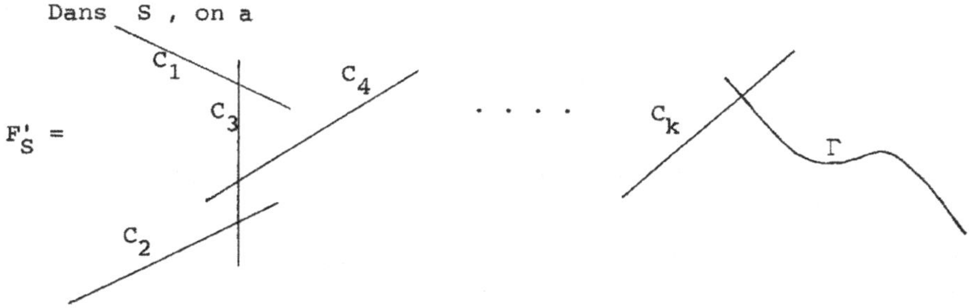

Ici les C_i sont des courbes rationnelles irréductibles de carré -2 , tandis que comme dans le type A), Γ n'est pas nécessairement irréductible. On a $-\Gamma^2 = \Gamma K_S = 1$, et les composantes sont de multiplicité 2 dans F'_S sauf C_1 et C_2 qui sont simples.

Quand F' est de type III ou IV, on a $k = s_{F'}+1$, C_1 et C_2 (resp. C_3) sont l'image réciproque de E_1 ou de $\hat{F}'$ suivant que $s_{F'}$ est impair ou pair (resp. E_2), et les $C_4,\dots,C_k$ sont respectivement les images réciproques de $E_4,E_6,\dots,E_{2s_{F'}-2}$. Quand F' est de type V (donc $s_{F'} = 1$), on a $k \geq 3$, et les C_i sont l'image réciproque de E_1. Dans tous les cas, on a

(4) $$\ell_{F'} \geq s_{F'}+2 ,$$

l'égalité ayant lieu si et seulement si F' est de type III ou IV, avec Γ irréductible (donc R' n'a pas de singularité négligeable sur F'). Comme dans le cas A), ρ restreint à F' est l'éclatement de $s_{F'}$ points.

Notations. Voici quelques notations que nous allons utiliser tout au long de ce travail. Nous écrivons

$$R = R' - \sum_{F'} \varepsilon_{F'} F' ,$$

et

$$\hat{R} = \text{transformé strict de } R \text{ dans } \hat{P} .$$

Appelons l'entier

$$s = \sum_{F'} s_{F'}$$

nombre de paires de singularités non-négligeables de R , ou par abus de langage, nombre de paires de points triples de R . Si D est un diviseur dans P numériquement équivalent à aC_0+bF , où C_0 est une section de P sur C de carré minimal, F est une fibre de P sur C , nous écrivons

$$D \sim (a,b) ,$$

donc pour $D_i \sim (a_i,b_i)$ $(i=1,2)$, on a $D_1D_2 = -ea_1a_2 + a_1b_2 + b_1a_2$.

Enfin, soit n l'entier tel que

$$R \sim (6,3e+n) .$$

On trouve les formules suivantes dans Horikawa [1] :

(5) $$\begin{cases} \chi(\mathcal{O}_S) = b-1+n-s \ ; \\ K_S^2 = K_{\tilde{S}}^2+s = 8(b-1)+2n-s = 2\chi(\mathcal{O}_S)+6(b-1)+s \ , \end{cases}$$

ou

(5') $$n = K_S^2-\chi(\mathcal{O}_S)-7(b-1) \quad ; \quad s = K_S^2-2\chi(\mathcal{O}_S)-6(b-1) \ .$$

Pour le système canonique de S, on a $|K_S| = \rho_*|K_{\tilde{S}}|$, et aussi dans Horikawa [1], il est montré :

$$|K_{\tilde{S}}| = \hat{\Phi}^*|K_{\hat{P}}+\hat{\delta}| = \hat{\Phi}^*\psi^*|L| + \Delta_{\tilde{S}} \ ,$$

donc

$$|K_S| = \rho_*\hat{\Phi}^*\psi^*|L| + \Delta_S \ ,$$

où

(6) $$\begin{aligned} L &\equiv K_P + \delta' - \tfrac{1}{2}\sum_{F'} \varepsilon_{F'}F' - \tfrac{1}{2}\sum_{F'} s_{F'}F' \\ &\sim (1, 2b-2+\tfrac{1}{2}(n+e-s)) \\ &\sim (1, \tfrac{1}{2}(\chi(\mathcal{O}_S)+3(b-1)+e)) \ , \end{aligned}$$

et les composantes de $\Delta_S = \rho_*(\Delta_{\tilde{S}})$ sont les composantes C_i des fibres F'_S telles que $s_{F'} \geqq 2$. Si F' est de type A), on a

$$\Delta_S|_{F'} = C_1 + 2C_2 + 3C_3 + \ldots + 2C_{s_{F'}-2} + C_{s_{F'}-1} \ ;$$

si F' est de type B), on a

$$\Delta_S|_{F'} = C_{s_{F'}+1} + 2C_{s_{F'}} + 3C_{s_{F'}-1} + \ldots + (s_{F'}-1)C_3 + [\tfrac{1}{2}s_{F'}](C_1+C_2) \ .$$

De plus, on a

$$p_g(S) = h^0(P,L) \quad , \quad q(S) = h^1(P,L) + b \ ,$$

et

$$|K_S+f^*D| = \rho(\hat{\Phi}^*\psi^*|L+f_1^*D|) + \Delta_S$$

pour tout diviseur D sur C, où l'on note par f_1 la flèche $P \longrightarrow C$, donc Δ_S est la partie fixe relative du système canonique de S, puisque pour D assez ample, $L+f_1^*D$ est très ample.

Pour la suite, nous avons aussi besoin d'une expression du système bicanonique de S . D'après la formule de K_S , nous avons

$$\begin{aligned}\rho^*2K_S &\equiv \hat{\Phi}^*\psi^*2L+\rho^*2\Delta_S\\ &\equiv \hat{\Phi}^*\psi^*(2K_p+R'-\sum_{F'}(\varepsilon_{F'}+s_{F'})F'_{\hat{p}})+\rho^*2\Delta_S\\ &\equiv \hat{\Phi}^*\psi^*(2K_p+R)-\sum_{F'} s_{F'}F'_S+\rho^*2\Delta_S\\ &\equiv \hat{\Phi}^*\psi^*(2K_p+R)-\sum_{F'}(s_{F'}F'_S-\rho^*2\Delta_{S|F'}) .\end{aligned}$$

Par les expressions de Δ_S ci-dessus, il est facile de voir que pour toute fibre F', on a

$$s_{F'}F'_S-\rho^*2\Delta_{S|F'} = \hat{\Phi}^*\sum_{i=1}^{2s_{F'}} \mathscr{E}_i ,$$

où $x_1,\ldots,x_{2s_{F'}}$ désignent les points non-négligeables sur F'. Par conséquent, on a

$$\rho^*|2K_S| = \hat{\Phi}^*|\hat{M}| = \hat{\Phi}^*|\psi^*M-\sum_{i=1}^{\ell}\mathscr{E}_i| ,$$

où

(7) $$M \equiv 2K_p+R \sim (2,K_S^2+e-\chi(\mathcal{O}_S)-3(b-1)) , \text{ (par (5'))}$$

et $x_1,\ldots,x_\ell$ désignent les points non-négligeables de R'. L'image par Φ du système linéaire $|2K_S|$ est donc un système linéaire Λ formé des $(2,K_S^2+e-\chi(\mathcal{O}_S)-3(b-1))$ ayant les x_i non-négligeables pour points de base. Donc nous avons une factorisation de l'application bicanonique Φ_{2K} de S comme suit :

$$\Phi_{2K} : S \xrightarrow{\hat{\Phi}\circ\rho^{-1}} \hat{P} \xrightarrow{\mu} \mathbb{P}^{P_2(S)-1}$$

où μ est défini par le système linéaire $|\hat{M}|$.

Nous pouvons aussi calculer les h^i de $2K_S$ en termes de ceux de $\hat{M}$. D'abord, $h^0(S,\mathcal{O}(2K_S)) = h^0(\hat{P},\mathcal{O}(\hat{M}))$ par la définition de $\hat{M}$. Nous avons de plus

$$h^2(S,\mathcal{O}(2K_S)) = h^2(\hat{P},\mathcal{O}(\hat{M})) = 0 :$$

$h^2(2K_S) = h^0(-K_S) = 0$ parce que $-K_SF=-2$ pour une fibre générale F de f ; et pareillement pour $h^2(\hat{M}) = h^0(K_{\hat{P}}-\hat{M}) = 0$. Maintenant compte tenu de $\ell=2s$, on a

$$\begin{aligned}\chi(\hat{P},\mathcal{O}(\hat{M})) &= \chi(\hat{P},\mathcal{O}(\psi^*M-\sum_{i=1}^{\ell}\mathcal{E}_i)) \\ &= \chi(P,\mathcal{O}(M)) - 2s \\ &= 3K_S^2-3\chi(\mathcal{O}_S)-12(b-1)-2s && \text{(par (7) et Riemann-Roch)} \\ &= K_S^2+\chi(\mathcal{O}_S) && \text{(par (5'))} \\ &= \chi(S,\mathcal{O}(2K_S)) && \text{(par Riemann-Roch).}\end{aligned}$$

Nous en concluons que

(8) $$h^i(S,\mathcal{O}(2K_S)) = h^i(\hat{P},\mathcal{O}(\hat{M})) \quad , \quad i=0,1,2 .$$

Enfin, signalons que nous écrirons simplement p_g , q , χ , K^2 pour les invariants numériques de S .

§2. LES INVARIANTS NUMÉRIQUES

Nous nous intéressons dans ce chapitre à la question d'existence des fibrations de genre 2 pour des ensembles d'invariants numériques donnés. Nous établissons d'abord les inégalités entre ces invariants, ensuite nous donnons quelques exemples pour des ensembles d'invariants satisfaisant ces inégalités. Pour le besoin ultérieur, nous étudions aussi les fibrations lisses de genre 2.

Premièrement, remarquons qu'il y a une congruence

(9) $$e \equiv \chi+b-1 \qquad (\text{mod } 2)$$

qu'entraîne la formule (6).

<u>Théorème</u> 2.1. On a $-b \leqq e \leqq \chi-b+1$. Si $q > b$, alors $e = \chi-b+1$. Dans le cas $b=0$, on a $q > 0$ si et seulement si $e = \chi+1$, donc dans tous les cas, on a $e \leqq p_g+1$.

<u>Démonstration</u> : L'inégalité $e \geqq -b$ est un fait bien connu sur les surfaces réglées (Nagata [1]). Pour l'autre côté, soit

$$0 \longrightarrow E_1 \longrightarrow f_*\omega_S \longrightarrow E_2 \longrightarrow 0$$

la filtration de $f_*\omega_S$ telle que $\deg(E_1)$ soit maximal. Nous avons

$$\chi = \chi(f_*\omega_S) + \chi(\mathcal{O}_C)$$

d'après la suite spectrale de Leray, ce qui donne $\deg(f_*\omega_S) = \chi+3(b-1)$. D'autre part le théorème 1.1 donne $\deg(E_2) \geqq 2b-2$, donc $\deg(E_1) \leqq \chi+b-1$, d'où $e \leqq \chi-b+1$. De plus, on voit dans ces inégalités que $e = \chi-b+1$ si et seulement si $\deg(E_2) = 2b-2$. Par exemple si $q > b$, c'est-à-dire $H^1(f_*\omega_S) \neq 0$, il existe une filtration de $f_*\omega_S$ telle que $\deg(E_2) = 2b-2$, donc $e = \chi-b+1$. Quand $b=0$, $e = \chi+1$, on a $\deg(E_2) = -2$, donc

$$q = h^1(f_*\omega_S) \geqq h^1(E_2) = 1 . \qquad \text{CQFD}$$

<u>Remarque</u>. Le théorème et (9) nous disent que $q=b+1$ si et seulement si $e = p_g+1-2b$.

Théorème 2.2. i) Si $e > 0$, et R contient la section négative C_o, alors

$$2\chi + 6(b-1) \leqq K^2 \leqq 3\chi + 5(b-1) - 2e ,$$

donc

$$e \leqq \tfrac{1}{2}(\chi-b+1) .$$

ii) Dans les autres cas, on a

$$\max\{2\chi+6(b-1),\chi+7(b-1)+3e\} \leqq K^2 \leqq \min\{6p_g-5q+3b+2,7\chi+b-1\} .$$

Démonstration : i) Soit F' une fibre dans P. D'après la description des fibres singulières dans le §1, on voit que l'intersection de C_o et $R-C_o$ sur la fibre F' est au moins $2s_{F'}$, ce qui donne

$$C_o(R-C_o) \geqq 2s = 2K^2-4\chi-12(b-1) .$$

Mais $R \sim (6,3e+K^2-\chi-7(b-1))$ par (5'), donc

$$C_o(R-C_o) = K^2-\chi-7(b-1)-2e ,$$

d'où la borne supérieure pour K^2. La borne inférieure est la conséquence directe de (5') et de $s \geqq 0$.

ii) Dans ces cas on a $RC_o \geqq 0$, qui donne directement la borne inférieure de K^2.

Pour la borne supérieure, nous avons d'abord besoin d'un lemme.

Lemme 2.3. Soient $f : S \longrightarrow C$ une fibration avec g quelconque, S relativement minimale, F une fibre générale de f, F' une fibre ayant ℓ composantes irréductibles. Alors

$$\chi_{top}(F') - \chi_{top}(F) \geqq \ell-1 ,$$

l'égalité ayant lieu si et seulement si la jacobienne de F' est propre.

Démonstration : Soit $\tilde{F}'$ la normalisation de F'. On sait que

$$b_1(F') = g + p_a(\tilde{F}')$$

(voir Beauville [2, lemme 1]). Avec $b_1(F) = 2g$, $b_o(F') = b_o(F) = b_2(F) = 1$, $b_2(F') = \ell$, on obtient l'inégalité voulue. Quand l'égalité a lieu, on a $p_a(\tilde{F}') = g$, donc $J(F')$ est propre puisque $\dim J(F') = g$. CQFD

Maintenant par (3) et (4), on a

$$s \leqq \sum_{F'} (\ell_{F'}-1) ,$$

où $\ell_{F'}$ est le nombre de composantes irréductibles de F', F' parcourant l'ensemble des fibres de f . Avec la formule bien connue

$$\chi_{top}(S) = -2\chi_{top}(C) + \sum_{F'} (\chi_{top}(F')+2)$$

et le lemme, cela donne

$$\chi_{top}(S) \geqq 4(b-1)+s .$$

Compte tenu de la formule de Noether, ceci entraîne

$$K^2+s \leqq 12\chi - 4(b-1) ,$$

d'où $K^2 \leqq 7\chi+b-1$ d'après (5').

D'autre part, il est bien connu (voir Beauville [2, Lemme 2]) que

$$\sum_{F'} (\ell_{F'}-1) \leqq \rho(S) - 2 ,$$

où $\rho(S)$ est le nombre de Picard de S , donc

$$\begin{aligned} K^2 - 2\chi - 6(b-1) = s &\leqq \rho(S) - 2 \\ &\leqq h^{1,1}(S) - 2 \\ &\leqq b_2(S) - 2p_g - 2 \\ &\leqq 10p_g - 8q + 8 - K^2 , \end{aligned}$$

d'où $K^2 \leqq 6p_g-5q+3b+2$. CQFD

<u>Corollaire</u>. Pour une fibration $f : S \longrightarrow C$ de genre 2, on a

$$K_S^2 \leqq 8\chi(\mathcal{O}_S) ,$$

avec égalité si et seulement si f est isotriviale et lisse.

<u>Démonstration</u> : L'inégalité découle de $K^2 \leqq 7\chi+b-1$ et de $\chi \geqq b-1$ (la formule (2)). Quand l'égalité a lieu, on doit avoir $\chi = b-1$, donc f est isotriviale et lisse par Beauville [1]. D'autre part, il est facile de voir que pour f isotriviale et lisse, $K^2 = 8\chi$. CQFD

<u>Remarque</u> 2.4. i) D'après la démonstration du théorème 2.3, si une fibration f est telle que $K^2 = 6p_g-5q+3b+2$, on doit avoir

$\ell_{F'}-1 = s_{F'}$ pour toute fibre F', donc le diviseur R défini dans le §1 n'a pas de singularité négligeable, et les fibres singulières de f sont toutes de type A) avec Γ_1 et Γ_2 irréductibles.

ii) Nous avons déjà vu dans le §1 que $b \leqq q \leqq b+2$, et que le cas $q = b+2$ est trivial. Nous verrons dans le §3 qu'on peut classifier complètement les fibrations avec $q = b+1$, donc les inégalités dans 2.2 ne sont utiles que pour les fibrations avec $q = b$. Dans ce cas la borne supérieure de K^2 dans ii) devient

$$K^2 \leqq \min\{6\chi+4(b-1), 7\chi+b-1\} .$$

Pour préciser la zone d'existence des fibrations de genre 2 que donnent les théorèmes 2.1 et 2.2, nous avons les figures suivantes. En fixant l'invariant p_g , cette zone en fonction de K^2 et q est comme suit :

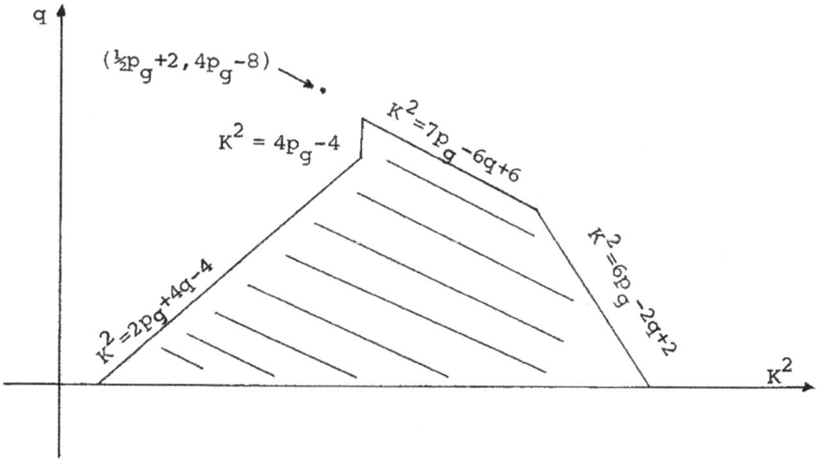

Figure 1

tandis qu'en fixant p_g et q , cette zone en fonction de e et K^2 est comme suit :

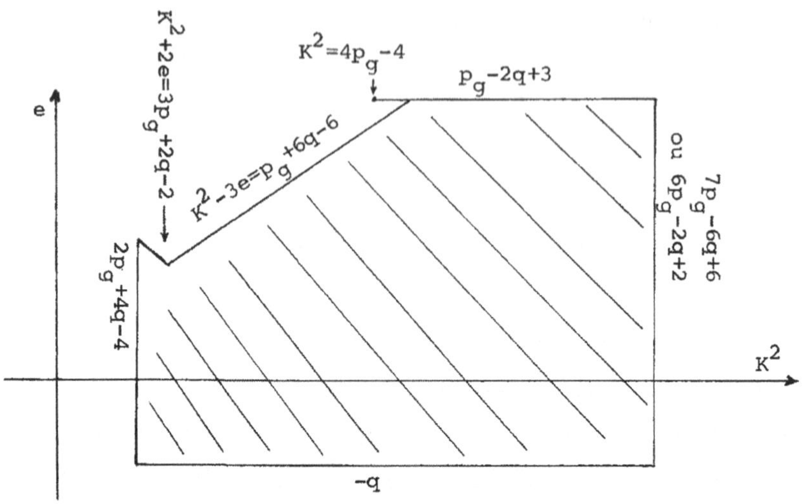

Figure 2

Nous passons maintenant à la question d'existence. Il faut remarquer que plus le K^2 tend vers sa borne supérieure, plus les exemples se font rares et difficiles à trouver. Premièrement, je ne pense pas que que la borne $K^2 \leqq 6p_g-5q+3b+2$ soit la meilleure possible. (Ceci est confirmé pour le cas $q=b+1$, voir le §3). Deuxièmement, même une (ou des) meilleure borne supérieure ne résout pas entièrement le problème : les exemples semblent indiquer que l'intérieur de la partie droite de la zone d'existence montrée dans les figures 1 et 2, qui peut être définie par l'inégalité $K^2 > 4\chi + 4(b-1)$, est rempli de "trous" où il n'existe pas de fibration, autrement dit les fibrations existant dans cette partie sont bien "sporadiques". (Voir aussi le §3).

Proposition 2.5. Il existe des fibrations de genre 2 non-lisses avec $K^2 = 7\chi+b-1$.

Démonstration : (L. Szpiro) Par la démonstration de 2.2, on voit que $K^2 = 7\chi+b-1$ si et seulement si la fibration en jacobiennes associée à f est propre.

Soit $\widetilde{M}_2$ la compactification de Satake [1] du module de courbes de genre 2, qui a une stratification :

$$\widetilde{M}_2 = H_2/\Gamma_2 \cup H_1/\Gamma_1 \cup H_0 ,$$

où H_i $(i=1,2)$ est le semi-espace de Siegel de dimension i (H_0 est composé d'un seul point), $\Gamma_i = Sp(2i,\mathbb{Z})$ le groupe modulaire opérant sur H_i. Chaque courbe semi-stable F de genre 2 correspond à un unique point dans $\widetilde{M}_2$ qui est le point correspondant à la partie abélienne de $J(F)$. Maintenant pour la proposition, il suffit de montrer qu'il y a une courbe projective C_1 contenue dans H_2/Γ_2, car alors il existe un revêtement fini $\pi : C \longrightarrow C_1$ et une fibration semi-stable $f : S \longrightarrow C$ de genre 2 tels que pour toute fibre F de f, $\pi \circ f(F)$ est le point de $\widetilde{M}_2$ correspondant à F, et comme $\pi \circ f(F)$ est dans H_2/Γ_2, la jacobienne de F est propre. Mais l'existence d'une telle C_1 est claire, parce que $\widetilde{M}_2$ est une variété projective de dimension 3, tandis que $H_1/\Gamma_1 \cup H_0$ est une sous-variété de dimension 1. CQFD

<u>Remarque</u>. Il est immédiat que quand la fibration en jacobiennes associée à f est propre, toute fibre singulière de f doit contenir deux courbes elliptiques Γ_1 et Γ_2. Il est facile de montrer qu'une telle fibre est une fibre de type A) au sens du §1 avec Γ_1 et Γ_2 lisses. En particulier, dans ce cas R n'a pas de singularité négligeable.

Avant de donner des exemples, nous regroupons ici quelques méthodes pour construire de nouvelles fibrations à partir d'une fibration donnée $f : S \longrightarrow C$.

2.6. <u>Changement de base convenable</u>. Soit

$$\begin{array}{ccc} \widetilde{S} & \xrightarrow{\ \Pi\ } & S \\ {\scriptstyle \widetilde{f}}\downarrow & & \downarrow {\scriptstyle f} \\ \widetilde{C} & \xrightarrow{\ \pi\ } & C \end{array}$$

un changement de base convenable défini dans la démonstration de 1.1, pas IV. (En réalité, pour que les formules ci-dessous restent vraies, il suffit que π soit étale au-dessus des images des fibres non-semi-stables de f, voir la démonstration du Cor. 2 de 3.13). Les invariants numériques de $\widetilde{f}$ sont faciles à calculer :

Soient n le degré de π, $\widetilde{b}$ le genre de $\widetilde{C}$, D le diviseur de ramification de π dans $\widetilde{C}$. Alors $\deg D = 2(\widetilde{b}-1-nb+n)$, et le diviseur de ramification de Π est $\widetilde{f}^*D$, donc $K_{\widetilde{S}} \equiv \Pi^*K_S + \widetilde{f}^*D$, ce qui nous donne tout de suite

$$(10)\qquad \begin{cases} K_{\widetilde{S}}^2 = nK_S^2 + 8(\widetilde{b}-1-nb+n) , \\ \chi(\mathcal{O}_{\widetilde{S}}) = n\chi(\mathcal{O}_S) + \widetilde{b}-1-nb+n . \end{cases}$$

(On peut obtenir la deuxième équation de (10) simplement en utilisant l'expression de s dans (5'), puisque $\widetilde{s} = ns$).

Il semble être commode d'introduire une définition ici. Supposons que la fibration f ne soit pas isotriviale et lisse, donc $\chi > b-1$ par Beauville [1]. Dans ce cas il y a un unique nombre rationnel $\lambda = \lambda(f)$ tel que

$$K^2 = \lambda\chi + (8-\lambda)(b-1) .$$

Nous appelons λ la pente de f. D'après (10), la pente reste stable sous changement de base convenable.

Remarquons que dans les figures 1 et 2, λ augmente quand on se déplace de gauche à droite, et que l'on a $2 \leqq \lambda \leqq 7$ pour toute fibration qui n'est pas isotriviale et lisse.

2.7. Modifications élémentaires.

Soient P et R' comme dans le §1. Le jeu consiste à ajouter quelques fibres (réduites) à R' et à en soustraire certaines autres, pour obtenir un autre diviseur R'_m. Si la classe de R'_m est encore 2-divisible dans $\mathrm{Pic}(P)$ (pour cela il faut et il suffit que le nombre de fibres ajoutées moins le nombre de fibres retirées soit pair), on peut construire un autre revêtement double S_m de P ramifié le long de R'_m, qui aura une fibration $f_m : S_m \longrightarrow C$ de genre 2 induite par la projection de P sur C.

Nous nous intéressons seulement aux deux possibilités locales :

α : L'addition d'une fibre générale au R'.

β : Soit F' une fibre singulière de type A) avec $s_{F'}$ impair, et supposons que R n'ait pas de point triple négligeable sur F'. D'après le §1, F' est contenue dans R', donc nous pouvons la retirer, après quoi il y aura une paire de singularités non-négligeables de moins sur F'. De même, si $s_{F'}$ est pair, nous ajoutons F' au R', ce qui fera aussi diminuer le $s_{F'}$ par 1.

Maintenant une modification élémentaire $m(a,b)$, où a et b sont deux entiers non-négatifs avec $a+b \equiv 0 \pmod 2$, est par définition l'opération composée de l'addition de a fibres générales sur R' et de modifications de b fibres de type β (à condition qu'il y en ait autant). Soient $R'_{m(a,b)}$ le diviseur ainsi obtenu, et

$$f_{m(a,b)} : S_{m(a,b)} \longrightarrow C$$

une fibration de genre 2 obtenue de $R'_{m(a,b)}$. Si $n_{m(a,b)}$ est l'entier tel que $R_{m(a,b)} \sim (6,3e+n_{m(a,b)})$, où $R_{m(a,b)}$ est défini à partir de $R'_{m(a,b)}$ comme dans le §1, et si $s_{m(a,b)}$ est le nombre de paires de singularités non-négligeables de $R'_{m(a,b)}$, on a immédiatement

$$n_{m(a,b)} = n+a \quad ; \quad s_{m(a,b)} = s-b \ ,$$

donc d'après (5),

$$(11) \qquad \begin{cases} \chi_{m(a,b)} = \chi+a+b \ , \\ K^2_{m(a,b)} = K^2+2a+b \ , \end{cases}$$

où $\chi_{m(a,b)}$ et $K^2_{m(a,b)}$ sont les invariants de $f_{m(a,b)}$.

Remarquons que la pente de la fibration est strictement diminuée après une modification élémentaire sauf dans le cas $\lambda = 2$.

2.8. Fibrations proches.

Définition. Soient $f_1 : S_1 \longrightarrow C$, $f_2 : S_2 \longrightarrow C$ deux fibrations de genre 2, les S_i étant relativement minimales. Nous avons 2 diagrammes commutatifs au-dessus de C :

$$\begin{array}{ccc} \tilde{S}_1 & \xrightarrow{\hat{\Phi}_1} & \hat{P}_1 \\ \rho_1 \downarrow & & \downarrow \psi_1 \\ S_1 & \dashrightarrow & P_1 \end{array} \qquad \begin{array}{ccc} \tilde{S}_2 & \xrightarrow{\hat{\Phi}_2} & \hat{P}_2 \\ \rho_2 \downarrow & & \downarrow \psi_2 \\ S_2 & \dashrightarrow & P_2 \end{array}$$

Comme dans le §1, les morphismes $\hat{\Phi}_1$ et $\hat{\Phi}_2$ sont définis par 2 diviseurs $\hat{\delta}_1$ et $\hat{\underline{R}}_1$ dans $\hat{P}_1$ (resp. $\hat{\delta}_2$ et $\hat{\underline{R}}_2$ dans $\hat{P}_2$). Nous disons que les fibrations f_1 et f_2 sont proches s'il y a un isomorphisme $\hat{P}_1 \longrightarrow \hat{P}_2$ au-dessus de C qui induit un isomorphisme de $\hat{\underline{R}}_1$ sur $\hat{\underline{R}}_2$.

Si f_1 et f_2 sont proches, et si χ_1, K_1^2, e_1 (resp. χ_2, K_2^2, e_2) sont les invariants de f_1 (resp. f_2), on a $\chi_1 = \chi_2$, $K_1^2 = K_2^2$, $e_1 = e_2$. Il existe un élément η d'ordre 2 dans $\mathrm{Pic}(C)$ tel que $\hat{\delta}_1 \equiv \hat{\delta}_2 + \hat{f}^*\eta$, $f_{1*}\omega_{S_1} = f_{2*}\omega_{S_2} \otimes \mathcal{O}_C(\eta)$, où $\hat{f}$ est la projection de $\hat{P}_1 = \hat{P}_2$ sur C. Dans le cas $C \cong \mathbb{P}^1$, on a $f_1 \cong f_2$.

Maintenant à partir d'une fibration de genre 2 donnée $f : S \longrightarrow C$ telle que $b > 0$, et un élément $\eta \in Pic(C)$ tel que $\eta^{\otimes 2} \cong \mathcal{O}_C$, nous avons une unique fibration $f_\eta : S_\eta \longrightarrow C$ telle que $f_{\eta *}\omega_{S_\eta} \cong f_*\omega_S \otimes \eta$. En particulier, quand la fibration f a $q = b+1$, toutes sauf deux fibrations proches à f auront $q_\eta = b$:

En effet, nous avons dans ce cas une filtration

$$0 \longrightarrow E_1 \longrightarrow f_*\omega_S \longrightarrow \omega_C \longrightarrow 0 ,$$

où $\deg(E_1) \geqq 2b-2$ par 1.1. Donc pour f_η nous avons une suite exacte

$$H^1(E_1 \otimes \eta) \longrightarrow H^1(f_{\eta *}\omega_{S_\eta}) \longrightarrow H^1(\omega_C \otimes \eta) ,$$

d'où par la suite spectrale de Leray,

$$\begin{aligned} q(S_\eta)-b &= h^1(f_{\eta *}\omega_{S_\eta}) \\ &\leqq h^1(E_1 \otimes \eta) + h^1(\omega_C \otimes \eta) . \end{aligned}$$

Le reste est clair.

Nous remarquons que quoique ces méthodes de construction 2.6, 2.7, 2.8 donnent une quantité élevée de nouvelles fibrations à partir d'une seule, elles sont assez limitées par les raisons suivantes :

Premièrement, donnée une fibration $f : S \longrightarrow C$, nous avons une unique application μ de C dans l'espace de module M_2 des courbes de genre 2, telle que pour chaque fibre lisse F de f, $\mu \circ f(F)$ est le point de module de F. On s'aperçoit tout de suite que les constructions ci-dessus ne changent pas l'image de la base de fibration dans M_2. Donc les fibrations obtenues ne sont pas "vraiment" nouvelles. Deuxièmement, à partir d'une fibration de pente donnée, on ne peut obtenir que des fibrations de la même pente ou de pente plus petite, pourtant ce sont des fibrations de pentes plus élevées qui sont plus intéressantes.

Les fibrations avec $\lambda \leqq 4$ sont faciles à trouver. Le théorème suivant en donne pour une grande partie de ces cas :

<u>Théorème</u> 2.9. Soit $\{\chi, b, e, K^2\}$ un ensemble d'entiers satisfaisant à (2), (9), $b \geqq 0$, $-b \leqq e \leqq \chi-b+1$, et les inégalités du cas ii) de 2.2, avec en plus $e \geqq 0$, $K^2 \leqq 4\chi + 4(b-1)$. Alors il existe une fibration $f : S \longrightarrow C$ de genre 2 ayant $\{\chi, b, e, K^2\}$ pour l'ensemble d'invariants numériques.

<u>Démonstration</u> : Nous reprenons une construction de Persson [2], [1], avec une légère amélioration (le "gap" $K^2 \neq 4\chi + 4(b-1) - 1$ de Persson est rempli), et une généralisation aux cas où $b > 0$.

i) Le cas $K^2 = 4\chi + 4(b-1)$. Soit C une courbe de genre b . Dans le cas $b \geq 2$, nous supposons que C soit hyperelliptique. Soient D_1 , D_2 deux diviseurs effectifs sur C , de degrés respectivement $2e$ et $\chi-b+1-e$, tels que les systèmes linéaires $|D_1|$ et $|D_2|$ soient sans point de base. Soit $Q = \mathrm{Proj}(\mathcal{O}_C(D_1) \oplus \mathcal{O}_C)$ la surface réglée sur C , avec $f_Q : Q \longrightarrow C$ la projection sur C . Nous avons deux sections disjointes C_1 et C_2 dans Q avec $-C_1^2 = C_2^2 = 2e$. Par le choix de D_1 et D_2 , le système linéaire $|C_2+f_Q^*D_2| = |C_1+f_Q^*(D_1+D_2)|$ sur Q n'a pas de point de base ni partie fixe, donc par le théorème de Bertini, il y a deux diviseurs lisses et irréductibles B_1 , B_2 dans $|C_2+f_Q^*D_2|$ (évidemment B_1 et B_2 sont des sections de Q sur C), tels que $B_1+B_2+C_1+C_2$ n'a que des points doubles ordinaires. Soit B_3 un élément général dans le pinceau linéaire engendré par B_1 et B_2 (B_3 est donc aussi une section lisse). Alors B_3 intersecte C_1 et C_2 transversalement aux points où B_1 et B_2 ne passent pas, et les points singuliers du diviseur $B_1+B_2+B_3$ sont des points triples ordinaires qui ne sont pas sur C_1+C_2 .

Soit $\nu : P \longrightarrow Q$ le revêtement double de Q ramifié le long de C_1+C_2 , et $R = \nu^*(B_1+B_2+B_3)$. Comme $C_0 = \frac{1}{2}\nu^*(C_1)$ est une section de P sur C de carré $-e$, l'invariant de P , défini dans le §1, est justement e . De plus on a $R \sim (6, 3e+3\chi-3(b-1))$, et R a $B_1B_2 = 2\chi-2(b-1)$ paires de points triples ordinaires répartis 2 à 2 sur $2\chi-2(b-1)$ fibres, sans autres singularités. Soit R' la somme de R et ces fibres. Alors (5) nous dit que le revêtement double de P ramifié le long de R' est une fibration cherchée.

ii) Le cas $K^2 = 4\chi + 4(b-1) - 1$. Remarquons que par (9) et 2.2, ii), nous avons dans ce cas $e \leq \chi-b-1$.

Soient C comme dans le cas i), D_1 et D_2 deux diviseurs (non nécessairement effectifs) sur C avec $\deg D_1 = 2e$, $\deg D_2 = \chi-b-e$, tels que :

a) le système $|D_2|$ est non-vide, et qu'il a au plus un seul point de base p_1 qui n'est pas un point de Weierstrass dans le cas où C est hyperelliptique ;

b) le système $|D_1+D_2|$ est non-vide, et p_1 n'est pas un point de base de $|D_1+D_2|$. (Pour cela il suffit de prendre pour D_1 le point conjugué de p_1 moins un point général, plus éventuellement un multiple d'un couple hyperelliptique).

Soient Q , f_Q , C_1 , C_2 comme dans le cas i), p_2 un point de C , $p_1 \neq p_2$, tel que $|D_2+p_2|$ n'ait pas de point de base. Maintenant le système $|C_2+f_Q^*D_2|$ sur Q a deux sous-systèmes $C_2+f_Q^*|D_2|$ et $C_1+f_Q^*|D_1+D_2|$, ce qui entraîne que $|C_2+f_Q^*D_2|$ a au plus deux points de base simples qui sont respectivement sur C_1 et sur C_2 . Soit donc B_1 une section lisse dans $|C_2+f_Q^*D_2|$ qui coupe transversalement C_1 et C_2 . De la même façon, on voit que $|C_2+f_Q^*(D_2+p_2)| = |B_1+f_Q^*p_2|$ a au plus un point de base simple qu'est $B_2 \cap C_2$. Il y a donc une section lisse B_2 dans le système $|B_1+f_Q^*p_2|$, qui intersecte transversalement B_1 , C_1 et C_2 . Soit B_3 un élément général dans le pinceau engendré par $B_1+f_Q^*p_2$ et B_2 . Le diviseur $B_1+B_2+B_3$ a $B_1B_2 = 2\chi-2b+1$ points triples non-infiniment proches dont au plus un est sur C_2 , mais aucun sur C_1 .

Soient P , R et R' comme dans le cas i). Alors R' a $2\chi-2b+1$ paires de singularités non-négligeables dont toutes sauf au plus une (qu'est l'image réciproque du point triple sur C_2) sont du type A) du §1, avec $s_{F'} = 1$. Le reste est comme dans le cas précédent.

iii) Le cas $K^2 = 4\chi + 4(b-1) - 2$.

Nous faisons comme dans le cas ii), avec les seules différences que B_2 est une section lisse dans $|B_1|$, B_3 est un élément général dans le pinceau engendré par B_1 et B_2 , et qu'au lieu de $\nu^*(B_1+B_2+B_3)$, on prend $R = \nu^*(B_1+B_2+B_3+F)$, où F est une fibre générale. Le reste est un calcul comme avant.

iv) Le cas $K^2 = 4\chi + 4(b-1) - 3$.

Nous faisons comme dans le cas ii), mais nous prenons pour B_2 un élément dans $|B_1|$, et B_3 dans le pinceau engendré par B_1 et B_2 . Si $B_1+B_2+B_3$ a un point triple qui n'est pas sur C_1+C_2 , l'image réciproque de la fibre passant par ce point est une fibre F' de type A), donc dans la construction de R', on peut ajouter une fibre F' de moins au $R = \nu^*(B_1+B_2+B_3)$, ce qui fait que R' a seulement $B_1B_2-1 = 2\chi-2b-1$ paires de singularités non-négligeables, donc par (5), le revêtement double de P ramifié le long de R' est une fibration demandée.

Supposons maintenant que tous les points triples de $B_1+B_2+B_3$ sont sur C_1+C_2 . Comme dans le cas ii), on voit facilement que $|B_1|$ a au plus un point de base sur C_1 et un sur C_2 , donc dans ce cas on peut supposer que B_1 et B_2 ne se coupent que sur ces points de base, donc $2 \leqq B_1B_2 = 2\chi-2b$ par le choix de B_1 , d'où $\chi-b \leqq 1$. D'autre part, on a

$e \leqq \chi$-b-1 par (9) et 2.2, ii), donc l'hypothèse $e \geqq 0$ donne

$$\chi\text{-}b+1 = 2 \quad , \quad e = 0 .$$

Nous allons construire directement ce cas.

Soient p_1 , p_2 deux points distincts sur C tels que $2p_1 \equiv 2p_2$ (si C est hyperelliptique, prenons deux points de Weierstrass), et soit

$$P = \mathrm{Proj}(\mathcal{O}_C(p_1-p_2) \oplus \mathcal{O}_C)$$

la surface réglée, avec la projection $f_p : P \longrightarrow C$. Soient $F_1 = f_p^* p_1$, $F_2 = f_p^* p_2$; C_1 , C_2 les deux sections de P sur C de carré nul. Regardons le système linéaire $|2C_1+F_2|$. Nous avons trois diviseurs

$$2C_1+F_2 \quad , \quad 2C_2+F_2 \quad , \quad C_1+C_2+F_1$$

dans ce système, ce qui montre que $|2C_1+F_2|$, qui est un pinceau linéaire, a deux points de base simples qui sont $F_2 \cap C_1$ et $F_2 \cap C_2$. Soient R_1 , R_2 , R_3 trois éléments généraux dans $|2C_1+F_2|$. Alors on a la situation suivante :

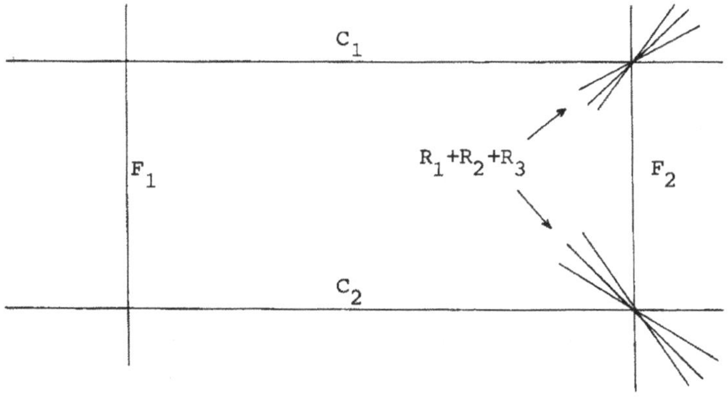

Soient $R = R_1+R_2+R_3$, $R' = R+F_2$. On a alors $n=3$, $s=1$, donc par (5), le revêtement double de P ramifié le long de R' fera l'affaire.

v) Le cas général.

Nous allons utiliser les modifications élémentaires 2.7. Soit

$$k = 4\chi + 4(b-1) - K^2 ,$$

et supposons $k \geqq 4$.

Si $k \equiv 0$ (mod 6), prenons une fibration $f' : S' \longrightarrow C$ construite dans i) avec les invariants numériques suivants :

$$\chi' = \chi - \tfrac{1}{3}k \quad , \quad K^{2'} = K^2 - \tfrac{1}{3}k \quad , \quad e' = e \quad , \quad b' = b \ .$$

Alors la fibration $f = f'_{m(0,\frac{1}{3}k)}$ définie dans 2.7 aura les invariants voulus. (D'après i), f' a

$$\begin{aligned} s' &= K^{2'} - 2\chi' - 6(b-1) \\ &= K^2 - \tfrac{1}{3}k - 2\chi + \tfrac{2}{3}k - 6(b-1) \\ &\geqq \tfrac{1}{3}k \qquad\qquad \text{(par 2.2)} \end{aligned}$$

fibres singulières de type A)).

Si $k \equiv 1 \pmod 6$, prenons f' construite dans ii) avec

$$\chi' = \chi - \tfrac{1}{3}(k-1) \quad , \quad K^{2'} = K^2 - \tfrac{1}{3}(k-1) \quad , \quad e' = e \quad , \quad b' = b \ ,$$

et $f = f'_{m(0,\frac{1}{3}k)}$. (f' a assez de fibres singulières de type A) comme dans le cas précédent).

Si $k+j \equiv 0 \pmod 6$, $j = 1,2,3,4$, prenons f' construite dans i) avec

$$\chi' = \chi - \tfrac{1}{3}(k+j) \quad , \quad K^{2'} = K^2 - \tfrac{1}{3}(k+4j) \quad , \quad e' = e \quad , \quad b' = b$$

et $f = f'_{m(j,\frac{1}{3}(k-2j))}$. (Il faut remarquer que la partie ii) du théorème 2.2 donne

$$3e \leqq K^2 - \chi - 7(b-1) = 3\chi - 3(b-1) - k \ ,$$

ou $e \leqq \chi - b + 1 - \frac{1}{3}k$, et par la congruence (9), on a

$$e \leqq \chi - b + 1 - \tfrac{1}{3}(k+j) = \chi' - b + 1) \ .$$

CQFD

Quand la pente est proche de 2, d'autres exemples sont faciles à construire. Mais nous n'entrons pas dans ces détails, signalons seulement qu'il y aura un autre exemple avec $\lambda \leqq 4$ (avec $e < 0$) vers la fin de ce chapitre.

Quant aux fibrations ayant $\lambda > 4$, nous connaissons déjà deux exemples de départ :

i) dans Oort and Peters [1], on a une surface minimale de type général avec $p_g = q = 0$, $K^2 = 1$, qui admet une fibration de genre 2 sur $\mathbb{P}^1$ (on a donc $\lambda = 4.5$) ;

ii) dans Xiao [1], on a une surface minimale de type général avec $p_g = q = 0$, $K^2 = 2$, qui admet une fibration de genre 2 sur P^1 (on a donc $\lambda = 5$).

Toutes ces deux fibrations ont $e = 0$ à cause de 2.1. A partir d'elles, on peut utiliser les constructions 2.6 et 2.7 pour fabriquer une série de fibrations de genre 2 ayant $\lambda \leqq 5$, $e = 0$.

Beaucoup d'autres fibrations de genre 2 avec $\lambda > 4$ peuvent être construites de la même façon à partir des fibrations données dans le chapitre suivant. Elles ont toutes $e \geqq 0$, et la pente peut être infiniment proche de 7.

Nous consacrons le reste de ce chapitre aux fibrations sans fibre singulière. Dans le cas général (g quelconque), une telle fibration (dite fibration lisse) peut encore être compliquée, car elle n'est pas forcément isotriviale. Mais dans le cas qui nous concerne, les choses se passent plutôt bien :

Proposition 2.10. Soit $f : S \longrightarrow C$ une fibration lisse dont les fibres sont hyperelliptiques. Alors f est isotriviale.

Démonstration : Les applications hyperelliptiques des fibres de f sur $\mathbb{P}^1$ induisent un revêtement double $\Phi : S \longrightarrow T$ au-dessus de C , où T est une surface réglée sur C , relativement minimale. L'image des points de Weierstrass des fibres de f est un diviseur lisse et réduit R dans T , qui est étale sur la base C . Quitte à faire un changement de base $C' \longrightarrow C$, on peut supposer que R soit composé de $2g+2$ sections disjointes. Ceci montre que T est trivialement réglée sur C , et R est composé de $2g+2$ sections horizontales, ce qui implique facilement que les fibres de f sont toutes isomorphes. CQFD

Soient $f : S \longrightarrow C$ une fibration lisse de genre 2 , F une fibre de f , $F_1 (\cong \mathbb{P}^1)$ l'image de F dans P . f étant isotriviale, par les théorèmes 2.1 et 2.2 et la congruence (9), on a

$$e \leqq \chi - b + 1 = 0 \quad , \quad K^2 = 8\chi \quad , \quad e \equiv 0 \pmod 2 .$$

On peut définir de façon évidente un homomorphisme de $\pi_1(C)$ dans $\mathrm{Aut}(F)$. Soit $\mathcal{G}$ l'image de cet homomorphisme. Alors il y a un revêtement étale $\pi : \tilde{C} \longrightarrow C$ correspondant à $\mathcal{G}$ tel que $\tilde{S} = S \times_C \tilde{C} \cong F \times \tilde{C}$, c'est-à-dire le pull-back $\tilde{f}$ de f est trivial. De la même façon, on a une suite d'homomorphismes $\pi_1(C) \longrightarrow \mathrm{Aut}(F) \xrightarrow{\alpha} \mathrm{Aut}(F_1)$, où α est induit par le revêtement de F sur F_1. Soit G l'image de $\mathcal{G}$ par α. $\mathcal{G}$ est soit une extension centrale de G par $\mathbb{Z}_2$, soit isomorphe à G, suivant que l'involution hyperelliptique de F est dans $\mathcal{G}$ ou non. Nous avons un revêtement étale $\pi' : C' \longrightarrow C$ correspondant à G tel que $P' = P \times_C C' \cong \mathbb{P}^1 \times C'$.

Comme dans Tsuji [1], on voit que G est l'un des groupes suivants :

		N	k_1	k_2	k_3
(E_k)	Groupe cyclique elliptique d'ordre k, $k \leqq 6$:	k	1	1	
(D_{2k})	Groupe diédral d'ordre $2k$, $k = 2,3,4$ ou 6 :	2k	k	k	2
(T)	Groupe tétraédral :	12	6	4	4
(O)	Groupe octaédral :	24	12	8	6

Où $N = \mathrm{Ord}(G)$, les k_i sont les cardinaux des orbites des points dans F_1 dont les stabilisateurs ne sont pas triviaux. (Nous notons par E_1 le groupe trivial).

<u>Proposition</u> 2.11. $G \cong \mathcal{G}$ seulement si $G = E_k$ $(k \neq 4)$ ou D_6.

<u>Démonstration</u> : D'après la démonstration de Tsuji [1, lemma 2], $G \cong \mathcal{G}$ seulement si les stabilisateurs des points de $R \cap F_1$ sont d'ordre impair.

Comme l'ensemble $R \cap F_1$ est stable sous G, il est composé d'un certain nombre d'orbites de G. Nous pouvons utiliser le tableau de G ci-dessus.

Dans les cas (D_{12}), (T), (O), $R \cap F_1$ est composé d'une seule orbite d'ordre 6, et les stabilisateurs correspondants sont d'ordre respectivement 2, 2 et 4. Si $G = D_8$, $R \cap F_1$ est la réunion d'une orbite composée de 4 points et une autre composée de 2 points, donc les stabilisateurs sont d'ordre 2 ou 4. Si $G = D_4$, $R \cap F_1$ doit contenir une orbite de 2 points, et les stabilisateurs correspondants sont d'ordre 2. Enfin si $G = E_4$, $R \cap F_1$ contient un point fixe de G, donc son stabilisateur est d'ordre 4. Donc pour ces groupes, $G \not\cong \mathcal{G}$. CQFD

<u>Proposition</u> 2.12. i) $e = 0$ si et seulement si $G = E_k$. Dans ce cas $f_*\omega_{S/C}$ est la somme directe de deux faisceaux inversibles de degré 0.

ii) $q = b+1$ si et seulement si $\mathcal{G} \cong G = E_2$.

<u>Démonstration</u> : i) G opère de façon naturelle sur l'ensemble des sections horizontales de P'. Il est clair que $e=0$ si et seulement si G fixe une telle section, et ceci si et seulement si l'action de G sur F_1 a un point fixe. Maintenant le tableau de G qui précède 2.11 dit que ceci si et seulement si $G=E_k$. De plus, dans ce cas l'action de G sur F_1 a deux points fixes, qui correspondent à deux sections de carré 0 dans P, ce qui donne la décomposition voulue de $f_*\omega_{S/C}$.

ii) Supposons $q=b+1$. Par 2.1, on a $e=0$, donc par la partie i), $f_*\omega_{S/C}=E_1\oplus E_2$, où E_i sont inversibles avec $\deg E_i=0$.

Comme $1=q-b=h^1(f_*\omega_S)=h^1(E_1\otimes\omega_C)+h^1(E_2\otimes\omega_C)$, on peut supposer $E_2\cong\mathcal{O}_C$, donc $E_1\not\cong\mathcal{O}_C$. La filtration

$$0\longrightarrow E_1\longrightarrow f_*\omega_{S/C}\longrightarrow E_2\longrightarrow 0$$

correspond à une section C_1 dans P de carré nul, avec $(K_P+\delta)|_{C_1}\equiv K_{C_1}$ par l'expression de K_S à la fin du §1. D'autre part, la formule d'adjonction donne $(K_P+C_1)|_{C_1}\equiv K_{C_1}$, donc $\delta|_{C_1}\equiv C_1|_{C_1}$. Mais par construction, $C_1|_{C_1}$ est un élément d'ordre k dans $\mathrm{Pic}^0(C_1)$, où k est l'ordre de G, donc si C_1 n'est pas dans R, on a $2\delta|_{C_1}\equiv R|_{C_1}\equiv 0$, ce qui donne $k=2$. De plus, $q=b+1$ entraîne $q(S')\geqq g(C')+1$, où $\pi : C'\longrightarrow C$ est le revêtement étale correspondant au groupe G, et $f' : S'\longrightarrow C'$ est le pull-back de f par π, donc on a $f'_*\omega_{S'/C'}\cong\mathcal{O}_{C'}\oplus\mathcal{O}_{C'}$, ce qui montre que f' est triviale, d'où $\mathcal{G}\cong G$.

Il nous faut encore montrer que R ne contient pas C_1, mais ceci est clair : sinon $C_1|_{C_1}\equiv 2\delta|_{C_1}$, donc $\delta|_{C_1}\equiv C_1|_{C_1}$ donne $\delta|_{C_1}\equiv 0$, ensuite $C_1|_{C_1}\equiv 0$, ce qui entraîne facilement $E_1\cong E_2\cong\mathcal{O}_C$, donc f est triviale, contraire à notre hypothèse que $q=b+1$.

Réciproquement, supposons $\mathcal{G}\cong G=E_2$, et soit $\tilde{f}:\tilde{S}\longrightarrow\tilde{C}$ la fibration triviale comme avant. Alors G agit sur

$$\tilde{f}_*\omega_{\tilde{S}/\tilde{C}}\cong\mathcal{O}_{\tilde{C}}\oplus\mathcal{O}_{\tilde{C}},$$

et on a deux sous-fibrés inversibles $\tilde{E}_1$, $\tilde{E}_2$ de $\tilde{f}_*\omega_{\tilde{S}/\tilde{C}}$, isomorphes à $\mathcal{O}_{\tilde{C}}$, qui sont fixes par l'action de G. Soient γ l'élément non-neutre de G, x_i $(i=1,2)$ une section non-nulle de $\tilde{E}_i$. Alors on a $\gamma(x_i)=a_ix_i$, où $a_i=\pm 1$. Il est évident que $a_1\neq a_2$, donc disons $a_1=1$, ce qui veut dire que G agit trivialement sur $\tilde{E}_1$, d'où $f_*\omega_{S/C}$ a un facteur direct $E_1=\tilde{E}_1/G$ qui est isomorphe à $\mathcal{O}_C$. Ensuite par la suite spectrale de Leray, on trouve $q \geq b+1$. f n'étant pas triviale, on a $q < b+2$, donc $q = b+1$. CQFD

Si C est une courbe de genre $g \geq 2$, $\pi_1(C)$ a un quotient isomorphe à un groupe libre à deux générateurs. Un groupe G dans la liste au-dessus de 2.11 étant engendré par 2 éléments, nous pouvons trouver un homomorphisme $\pi_1(C) \longrightarrow \mathcal{G}$, où $\mathcal{G}$ est un groupe d'automorphismes d'une courbe F de genre 2 dont le groupe correspondant dans $\mathrm{Aut}(\mathbb{P}^1)$ est G , ce qui nous conduit facilement à des fibrations isotriviales et lisses sur C dont les fibres sont isomorphes à F , associées au groupe $\mathcal{G}$. Ici nous n'entrons pas dans ces détails, nous donnons seulement une construction explicite d'un cas où $G = D_4$, parce que cette construction peut nous conduire à des fibrations non-lisses ayant $e < 0$.

Exemple 2.13. Des fibrations lisses de genre 2 ayant $e < 0$. Soit C' une courbe elliptique. Nous construisons d'abord une surface réglée P' sur C', avec invariant $e' = -1$, comme suit : il y a un unique sous-groupe isomorphe à $(\mathbb{Z}_2)^2$ dans $J(C')$, soit donc $\rho : \tilde{C} \longrightarrow C'$ le revêtement étale correspondant à ce sous-groupe. A ρ est associé un groupe d'automorphismes $(\mathbb{Z}_2)^2$ de $\tilde{C}$. Soit $\tilde{P} = \tilde{C} \times \mathbb{P}^1$. Nous avons un homomorphisme injectif $\gamma : (\mathbb{Z}_2)^2 \longrightarrow PGL_2(\mathbb{C})$, dont l'image est un D_4 . Le quotient P' de P par l'opération de $(\mathbb{Z}_2)^2$ comme suit :

$$\sigma(x,y) = (\sigma x, \gamma\sigma y) \qquad x \in \tilde{C} \text{ , } y \in \mathbb{P}^1 \text{ , } \sigma \in (\mathbb{Z}_2)^2$$

est une surface réglée sur C', avec un pinceau Λ' sans point de base, qui est l'image du pinceau des sections horizontales sur $\tilde{P}$, mais il n'y a pas de section à carré nul sur P'. On en déduit que P' a un invariant $e' < 0$. D'autre part Nagata [1] donne $e' \geq -1$, donc $e' = -1$, autrement dit il y a une section C'_o sur P' avec $(C'_o)^2 = 1$.

Maintenant soient $C \longrightarrow C'$ un revêtement double ramifié (non-étale) sur C', $P = P' \times_{C'} C$. L'image réciproque dans P du pinceau Λ' est un pinceau connexe Λ de multi-sections de carré nul ne contenant pas de section, ce qui force l'invariant e de P d'être négatif. D'autre part, l'image réciproque C_o de la section C'_o est une section de self-intersection 2, et comme e a la même parité que la self-intersection de n'importe quelle section, on en conclut que $e = -2$.

Par construction, les diviseurs généraux dans Λ' (donc ceux dans Λ) sont lisses de degré 4 sur C , et les 3 orbites spéciales de D_4 correspondent à 3 diviseurs doubles $2C_1$, $2C_2$, $2C_3$ dans Λ , où les

C_i sont de degré 2 sur C. Soit R une 6-section à carré nul dans P. On peut prendre par exemple pour R les trois 2-sections dans Λ, ou la somme d'une 4-section et une 2-section. R est un diviseur numériquement pair par hypothèse. Mais $\mathrm{Pic}(P) = \mathrm{Pic}(C) \oplus \mathbb{Z}$, et $J(C)$ est 2-divisible, donc R est pair dans $\mathrm{Pic}(P)$, il peut alors servir de diviseur de branchement pour fabriquer un revêtement double $S \longrightarrow P$, et S sera une surface fibrée en courbes lisses de genre 2 sur la base C.

<u>Exemple</u> 2.14. Une variante de l'exemple précédent nous conduit facilement à des fibrations de genre 2 avec $\lambda \leqq 4$, $e < 0$.

En effet, soient C et P comme dans l'exemple 2.13, C_1 et C_2 deux 2-sections de carré nul dans P, $f_p : P \longrightarrow C$ la projection. Il est facile de voir que la classe de $C_1 - C_2$ est un élément η d'ordre 2 dans $f_p^* \mathrm{Pic}(C)$. Soient D_1 et D_2 deux diviseurs effectifs et réduits dans P composés chacun d'un nombre pair de fibres de f_p, tels que : 1) $D_1 \cap D_2 = \Phi$; 2) $D_1 - D_2 \equiv \eta$. Alors les diviseurs $C_1 + D_1$ et $C_2 + D_2$ sont linéairement équivalents et sans composante commune, et ils s'intersectent transversalement en $4k$ points répartis 2 à 2 sur $2k$ fibres différentes, où k est le nombre de fibres dans D_i. Maintenant soient R_1, R_2, R_3 trois éléments généraux dans le pinceau engendré par $C_1 + D_1$ et $C_2 + D_2$, $R = R_1 + R_2 + R_3$, $R' = R + D_1 + D_2$. Comme R a un point triple ordinaire à chaque point d'intersection de $C_1 + D_1$ et $C_2 + D_2$ sans autre singularité, on a $n = 3k$, $s = 2k$ au sens du §1. Soient $\hat{P}$ l'éclatement des points triples de R dans P, $\hat{R}'$ le transformé strict de R', $\tilde{S}$ un revêtement double de $\hat{P}$ ramifié le long de $\hat{R}'$, S le modèle relativement minimal de $\tilde{S}$ par rapport à la fibration de $\tilde{S}$ sur C. Par (5), la fibration $f : S \longrightarrow C$ a :

$$\chi = b-1+k \quad , \quad K^2 = 8(b-1) + 4k = 4\chi + 4(b-1) \quad , \quad e = -2 \, .$$

Maintenant les changements de base convenables 2.6 et les modifications élémentaires 2.7 nous conduisent à une série de fibrations de genre 2 avec $\lambda \leqq 4$, $e < 0$.

§3. CLASSIFICATION DES FIBRATIONS AVEC $q = b+1$

Notre but dans ce chapitre est de classifier les fibrations $f : S \longrightarrow C$ de genre 2 non-triviales dont la fibration en jacobiennes associée a une partie fixe $E \times C$. Comme dans le pas I) de la démonstration du théorème 1.1, on a $\dim E = q-b$, donc par Beauville [1],

$$\dim E = q-b = 1 ,$$

d'où E est une courbe elliptique.

Nous commençons par définir un nouvel invariant numérique pour ces fibrations. Soit F une fibre générale de f , $J(F)$ sa jacobienne. Nous avons une injection $t_F : F \longrightarrow J(F)$ qui est uniquement déterminée à translation près, et une projection $p_F : J(F) \longrightarrow E$ sur la partie fixe à fibres connexes, ce qui donne par composition un morphisme $\tau_F = p_F \circ t_F : F \longrightarrow E$.

Soit d le degré de τ_F . Il est clair que d ne dépend pas du choix de F générale. Nous appelons d le degré associé de f .

<u>Exemple</u> 3.1. Les fibrations avec $d = 2$.

Prenons une courbe C de genre b quelconque, et une courbe elliptique E'. Soit T un espace homogène principal de $E' \times C$ vu comme une variété abélienne sur C . On a une fibration $f_T : T \longrightarrow C$ dont les fibres sont isomorphes à E', et $q(T) = b+1$. Notons aussi par E' une fibre de f_T , et soit D un diviseur effectif, réduit et numériquement pair dans T , tel que $DE' = 2$. Alors il y a un $\delta \in \mathrm{Pic}(T)$ tel que $2\delta \equiv D$, qui définit un revêtement double $S' \longrightarrow T$, dont la desingularisée minimale S aura une fibration de genre 2 sur C :

$$f : S \longrightarrow C$$

induite par f_T . Comme D est de degré 2 sur C , les singularités de D sont des points doubles ou des points triples dont les 3 branches ne sont pas tangentes en une même direction. Ce sont donc des singularités négligeables au sens du §1, par conséquent nous pouvons calculer les invariants numériques de S par les formules suivantes (cf. Persson [3]) :

$$K_S^2 = 2(K_T+\delta)^2 = 4K_T + 2\delta^2 = 8(b-1) + 2\delta^2 ,$$

$$\chi(\mathcal{O}_S) = \chi(\mathcal{O}_T) + \chi(K_T+\delta) = 2\chi(\mathcal{O}_T) + \tfrac{1}{2}\delta(K_T+\delta) = \tfrac{1}{2}\delta(K_T+\delta) = b-1+\tfrac{1}{2}\delta^2 ,$$

ce qui donne en particulier

(13) $$K_S^2 = 4\chi(\mathcal{O}_S) + 4(b-1) .$$

On a $q(S) \geqq q(T) = b+1$. Donc quand δ est choisi tel que f ne soit pas triviale, on a

$$q(S) = b+1 .$$

Il reste à prouver que $d=2$, mais ceci est clair : si F est une fibre générale de f , on a un diagramme commutatif

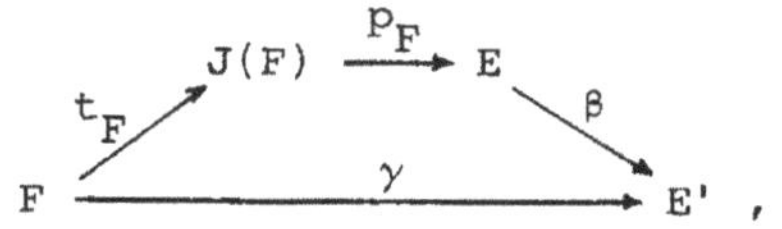

où γ est induite par le revêtement double de S sur T , β est induite par l'universalité de $J(F)$, donc

$$2 \leqq d = \deg \tau_F \leqq \deg \gamma = 2 ,$$

d'où $d=2$.

Inversement, toutes les fibrations avec $d=2$ peuvent être ainsi construites, donc (13) est vraie pour les fibrations avec $d=2$.

En effet, les τ_F étant de degré 2, ils induisent des involutions σ_F sur F , qui se globalisent en une involution birationnelle σ de S , qui est automatiquement une involution globale par l'unicité du modèle minimal relatif de S . Soit T le modèle non-singulier relativement minimal du quotient S/σ . f induit une fibration $f_T : T \longrightarrow C$ dont les fibres générales sont isomorphes à E , ces isomorphismes étant uniquement déterminés à translation près. Ceci montre que birationnellement, T est un espace homogène principal de $E \times C$ vu comme une variété abélienne sur C . En particulier, quand f_T n'a pas de fibre multiple, la monodromie de f_T au-dessus de chaque point de C est triviale, donc par Kodaira [1], f_T est lisse. Mais il est clair que f_T n'a pas de fibre multiple : soit D le lieu de ramification du revêtement double $S \longrightarrow T$. Alors D est un diviseur numériquement pair dans T, et $DE' = 2$ pour une fibre générale E' de f_T , par la formule de Hurwitz. Donc si E'' est une fibre quelconque de f_T , $DE'' = DE' = 2$

montre que E'' n'est pas un multiple. CQFD

Quand $d \geq 3$, la méthode des revêtements doubles devient inefficace : on n'a plus de revêtement double sur un espace homogène principal de $E \times C$, tandis que le revêtement hyperelliptique est guère utile, car nous allons voir que la pente augmente avec d , ce qui fait que le diviseur $\hat{R}$ défini dans le §1 a un carré d'autant plus négatif que le d est plus élevé, donc la méthode classique basée sur les équivalences linéaires ne garantit plus l'existence d'un R ayant les degrés et les singularités voulus. En fait, nous n'avons jamais réussi à construire un R même pour une fibration avec $d = 4$. (Le cas $d = 3$ sera construit dans le chapitre suivant).

Par contre, l'existence d'une partie fixe pose une très forte condition sur les fibrations en jacobiennes associées, ce qui fait qu'une étude sur ces jacobiennes peut nous conduire à une famille universelle de ces fibrations en jacobiennes aux cas où $d \geq 3$, qui donne à son tour une famille universelle des fibrations de genre 2 correspondantes.

Nous commençons par décomposer l'algèbre de Lie de $J(F)$.

Soient J une surface abélienne, $V \cong \mathbb{C} \oplus \mathbb{C}$ le revêtement universel de J , $U = H_1(J,\mathbb{Z}) \subset V$ le réseau dans V tel que $J = V/U$. Supposons que J ait une polarisation qui correspond à une forme entière alternée non-dégénérée

$$\langle\ ,\ \rangle : U \times U \longrightarrow \mathbb{Z}$$

telle que :

a) $\langle\sqrt{-1}x, \sqrt{-1}y\rangle_V = \langle x,y\rangle_V \quad , \quad \forall x,y \in V$;

b) $\langle\sqrt{-1}x, x\rangle_V > 0 \quad , \quad \forall x \in V \quad , \quad x \neq 0$

où $\langle\ ,\ \rangle_V$ est l'extension linéaire de $\langle\ ,\ \rangle$ sur $V \times V$. Supposons aussi qu'il y a une fibration elliptique

$$p_J : J \longrightarrow E$$

sur une courbe elliptique E , donc J n'est pas simple en tant que variété abélienne. p_J induit une projection $p_V : V \longrightarrow V' = H_1(E,\mathbb{R})$, soient V_2 le noyau de p_V , $U_2 = V_2 \cap U$. Alors U_2 est un réseau dans V_2 tel que V_2/U_2 est la fibre E_2 de p_J au-dessus du zéro de E . Maintenant parce que la forme $\langle\ ,\ \rangle$ est non-dégénérée et sur U et sur U_2 , l'orthogonal U_1 de U_2 est un sous-groupe de U de rang 2 qui engendre une droite complexe V_1 dans V, tel que p_V restreint à V_1 est un isomorphisme sur V', et que $E_1 = V_1/U_1$ est une courbe elliptique isogène à E. Nous avons un diagramme cartésien

$$\begin{array}{ccc} E_1 \times E_2 & \xrightarrow{i} & J \\ p_1 \downarrow & & \downarrow \\ E_1 & \longrightarrow & E \end{array},$$

où i est une isogénie induite par l'inclusion de $U' = U_1 \oplus U_2$ dans U, donc $\deg(i) = \mathrm{ord}(U/U')$.

(Il est à noter que la décomposition $V = V_1 \oplus V_2$ dépend de p_J et de la polarisation de J, mais quand p_J et la polarisation sont fixés, cette décomposition est unique. Compte tenu de 1.3, ceci donne en particulier une décomposition canonique de $f_*\omega_{S/C}$ pour une fibration f avec $q = b+1$).

Soient

$$p_i : V \longrightarrow V_i , \qquad i = 1,2$$

la projection de V sur V_i, $\underline{U}_i = p_i(U)$. Alors on a

$$\underline{U}_i/U_i \cong U/U' = G , \qquad i = 1,2 .$$

Nous pouvons choisir une base $\{u_1,u_3\}$ pour U_1, où $u_1 = z_1 u_3$, $\mathrm{Im}(z_1) > 0$, telle que $\{\frac{1}{d'}u_3, \frac{1}{d''}u_1\}$ soit une base de $\underline{U}_1$, où $d',d'' \in \mathbb{Z}^+$. (Dans le cas où G est cyclique, posons $d'' = 1$). Prenons ensuite deux éléments $\frac{1}{d'}u_3 + u'$, $\frac{1}{d''}u_1 + u''$ dans U, où $u',u'' \in \underline{U}_2$. Alors parce que la classe de $\{u',u''\}$ est une base de $\underline{U}_2/U_2$, et que $a'u'$ (resp. $a''u''$) est dans $U_2 \Longleftrightarrow \frac{a'}{d'}u_3 \in U_1$ (resp. $\frac{a''}{d''}u_1 \in U_1$) $\Longleftrightarrow d' | a'$ (resp. $d'' | a''$), il y a une base $\{u_2,u_4\}$ de U_2, où $u_2 = z_2 u_4$, $\mathrm{Im}(z_2) > 0$, et deux entiers n', n'' avec $(n',d') = (n'',d'') = 1$, tels que $u' = \frac{n'}{d'}u_2$, $u'' = \frac{n''}{d''}u_4$. Soient m', m'' les deux entiers avec $1 \leqq m' \leqq d'$, $1 \leqq m'' \leqq d''$, tels que $m' \equiv n'$ (mod d'), $m''n'' \equiv 1$ (mod d''). Alors il est clair que les éléments $u_5 = \frac{1}{d'}(u_3 + m'u_2)$, $u_6 = \frac{1}{d''}(m''u_1 + u_4)$ sont dans U, et que les éléments u_1, u_2, u_3, u_4, u_5, u_6 engendrent U. De plus, comme $u_3 = d'u_5 - m'u_2$, $u_4 = d''u_6 - m''u_1$, $\{u_1,u_2,u_5,u_6\}$ est une base de U.

Si nous prenons $\{u_3,u_4\}$ pour une base de $V \cong \mathbb{C} \oplus \mathbb{C}$, nous avons la représentation suivante :

$$u_1 = (z_1, 0) \quad , \quad u_2 = (0, z_2) \ ,$$

$$u_3 = (1,0) \quad , \quad u_4 = (0,1) \quad ,$$

$$u_5 = (\tfrac{1}{d'}, \tfrac{m'}{d'} z_2) \quad , \quad u_6 = (\tfrac{m''}{d''} z_1, \tfrac{1}{d''}) \ .$$

<u>Lemme</u> 3.2. Sous les notations ci-dessus, si la polarisation de J est principale, alors $d' = d''$, $m' = m''$; réciproquement, si $d' = d''$, $m' = m''$, il existe une unique polarisation principale de J qui s'accorde avec la décomposition de V .

<u>Démonstration</u> : Par construction, nous avons

$$\langle u_1, u_2 \rangle = \langle u_3, u_4 \rangle = \langle u_1, u_4 \rangle = \langle u_2, u_3 \rangle = 0 \ ,$$

$$\langle u_1, u_3 \rangle = a \quad , \qquad \langle u_2, u_4 \rangle = b \quad ,$$

où a et b sont deux entiers > 0 . Donc ab est égal au déterminant de la restriction $\langle \ , \ \rangle|_{U'}$, qui est $\mathrm{ord}(G) = d'd''$ fois le déterminant de $\langle \ , \ \rangle$. Or ce que la polarisation est principale veut dire que $\langle \ , \ \rangle$ est unimodulaire, donc $ab = d'd''$. D'autre part, nous avons par linéarité

$$\langle u_1, u_5 \rangle = a/d' \ , \qquad \langle u_2, u_6 \rangle = b/d'' \ ,$$

$$\langle u_3, u_6 \rangle = -am''/d'' \ , \ \langle u_4, u_5 \rangle = -bm'/d' \ ,$$

d'où $d'|a$, $d''|a$, $d'|b$, $d''|b$, ce qui nous conduit tout de suite à $d' = d'' = a = b$. De plus, le fait

$$\frac{1}{d'}(m'-m'') = \langle u_5, u_6 \rangle \in \mathbb{Z}$$

donne $m' \equiv m''$ (mod d'), d'où $m' = m''$ par le choix de m' et m''.

Réciproquement, si $d' = d''$, $m' = m''$, il est clair que la forme alternée $\langle \ , \ \rangle$ sur $U \times U$ telle que

$$\langle u_1, u_2 \rangle = \langle u_3, u_4 \rangle = \langle u_1, u_4 \rangle = \langle u_2, u_3 \rangle = 0 \ ;$$

$$\langle u_1, u_3 \rangle = \langle u_2, u_4 \rangle = d'$$

remplit les conditions d'une forme correspondant à une polarisation principale. L'unicité d'une telle forme est évidente. CQFD

<u>Lemme</u> 3.3. Gardons les notations du lemme précédent, et supposons que la polarisation de J soit principale. Modulo un changement de base pour U_2 , on peut supposer $m' = 1$.

Démonstration : Comme $(m',d'^2) = 1$, il existe deux entiers a,b tels que

$$am'-bd'^2 = \det\begin{pmatrix} m' & bd' \\ d' & a \end{pmatrix} = 1 .$$

Parce que $am' \equiv 1 \pmod{d'}$, l'élément

$$u' = au_6 - \frac{am'-1}{d'}u_1 = \frac{1}{d'}(u_1+au_4)$$

est dans U , donc

$$u_5' = u_5+bu_4 \quad , \quad u_6' = u'+u_2$$

sont aussi dans U . Mais

$$\{u_2' = m'u_2+bd'u_4 \quad , \quad u_4' = d'u_2+au_4\}$$

est une base de U_2 , donc l'ensemble $\{u_1 , u_2' , u_3 , u_4' , u_5' , u_6'\}$ peut remplacer l'ensemble original $\{u_i\}$, avec

$$u_5' = \frac{1}{d'}(u_3+u_2') \quad , \quad u_6' = \frac{1}{d'}(u_1+u_4') . \qquad \text{CQFD}$$

Lemme 3.4. Soient les notations comme dans les lemmes précédents, et supposons que la polarisation de J soit principale, $d' \geqq 2$. Soit D un diviseur Θ dans J , et supposons que D soit irréductible. Alors D est une courbe lisse de genre 2, et la projection p_J restreinte à D est de degré d'.

Démonstration : Regardons l'isogénie $i : E_1 \times E_2 \longrightarrow J$ définie avant le lemme 3.2. L'image réciproque par i de la polarisation sur J est la somme directe d'une polarisation sur E_1 et une polarisation sur E_2 , dont les formes alternées correspondantes sont respectivement $\langle\ ,\ \rangle|_{U_1}$ et $\langle\ ,\ \rangle|_{U_2}$, ce qui signifie que nous avons deux diviseurs $D_i \in E_i$, $i=1,2$, avec $\deg D_i = d'$, tels que

$$i^*(D) \equiv p_1^*(D_1) + p_2^*(D_2) .$$

Soit F une fibre de p_J . Alors $i^*(F)$ est composée de $\deg(i) = d'^2$ fibres de $p_1 : E_1 \times E_2 \longrightarrow E_1$, donc

$$d'^2 DF = i^*(D).i^*(F) = d'.d'^2 = d'^3 ,$$

d'où $DF = d'$, c'est juste ce que nous voulons.

La première assertion du lemme est bien connue : la formule d'adjonction nous donne $p_a(D) = 2$, puisque $D^2 = 2$ par Riemann-Roch. Soit $\tilde{D}$ la normalisation de D . Comme D engendre J , il y a une surjection $J(\tilde{D}) \twoheadrightarrow J$, ce qui fait que $g(D) \geq 2$. D est donc une courbe lisse de genre 2 car elle est irréductible. CQFD

<u>Définition</u> 3.5. Soient J une surface abélienne principalement polarisée, E une courbe elliptique, d un entier > 0 . Une structure (E,d) sur J est une projection $p_J : J \longrightarrow E$ à fibre connexe, telle que : si $V = V_1 \oplus V_2$ est la décomposition du revêtement universel V de J correspondant à p_J et la polarisation principale comme avant, $U = H_1(J,\mathbb{Z}) \subset V$, $U_i = V_i \cap U$, il existe une base

$$\{u_1 \ , \ u_2 \ , \ u_5 \ , \ u_6\}$$

de U telle que

$$\{u_1 \ , \ u_3 = du_5 - u_2\}$$

est une base de U_1 avec $u_1 = z_1 u_3$, $\operatorname{Im}(z_1) > 0$, et

$$\{u_2 \ , \ u_4 = du_6 - u_1\}$$

est une base de U_2 avec $u_2 = z_2 u_4$, $\operatorname{Im}(z_2) > 0$. Nous avons donc

$$u_5 = \frac{1}{d}(u_2 + u_3) \quad ; \quad u_6 = \frac{1}{d}(u_1 + u_4) \ .$$

Nous appelons une telle base $\{u_1, u_2, u_5, u_6\}$ une base homologuée.

Une famille $j : \mathcal{J} \longrightarrow C'$ de surfaces abéliennes principalement polarisées est dite de type (E,d) si $E \times C'$ est la partie fixe de $\mathcal{J}$, et si pour toute fibre J de j , la projection $p_J : J \longrightarrow E$ et la polarisation principale de J donnent une structure (E,d) sur J . Une fibration $f : S \longrightarrow C$ de genre 2 est de type (E,d) si au-dessus d'un ouvert dense C' de C , la fibration en jacobiennes associée à f est de type (E,d).

Les lemmes 3.2, 3.3, 3.4 nous disent donc :

<u>Théorème</u> 3.6. Soient $f : S \longrightarrow C$ une fibration de genre 2 avec $q = b+1$, $E \times C$ la partie fixe de la fibration en jacobiennes $j : \mathcal{J} \longrightarrow C$, d le degré associé de f . Pour toute fibre F de f dont la jacobienne est propre, $J(F)$ a une unique structure (E,d) déterminée par sa polarisation principale et sa projection sur E .

De plus, toute base $\{u_1,u_3\}$ de U_1 peut s'étendre à une base homologuée $\{u_1,u_2,u_5,u_6\}$.

En particulier, une telle fibration f est de type (E,d).

Réciproquement, toute fibration de genre 2 de type (E,d) est une fibration avec $q=b+1$.

Démonstration : évidente.

Maintenant nous allons construire la famille universelle des familles de surfaces abéliennes de type (E,d) pour $d \geq 3$.

Lemme 3.7. Soient J une surface abélienne ayant une structure (E,d), $\{u_1,u_2,u_5,u_6\}$ une base homologuée de U. Soit $\{u_2',u_4'\}$ une autre base de U_2, avec

$$\begin{cases} u_2' = \alpha u_2+\beta u_4 , \\ u_4' = \gamma u_2+\delta u_4 , \end{cases} \quad \text{où} \quad A = \begin{pmatrix} \alpha & \beta \\ \gamma & \delta \end{pmatrix} \in SL_2(\mathbb{Z}) .$$

Alors $u_5' = \frac{1}{d}(u_2'+u_3)$, $u_6' = \frac{1}{d}(u_1+u_4')$ sont dans U, donc $\{u_1,u_2',u_5',u_6'\}$ est aussi une base homologuée, si et seulement si

$$A \in \Gamma(d) = \left\{ \begin{pmatrix} \alpha & \beta \\ \gamma & \delta \end{pmatrix} \in SL_2(\mathbb{Z}) \ ; \ \begin{pmatrix} \alpha & \beta \\ \gamma & \delta \end{pmatrix} \equiv \begin{pmatrix} 1 & 0 \\ 0 & 1 \end{pmatrix} \pmod d \right\} .$$

Démonstration : Les éléments u_5', u_6' sont dans U si et seulement si

$$u_5'-u_5 = \frac{1}{d}(\alpha-1)u_2 + \frac{1}{d}\beta u_4 ,$$

$$u_6'-u_6 = \frac{1}{d}\gamma u_2 + \frac{1}{d}(\delta-1)u_4$$

sont dans U_2, et ceci si et seulement si $\alpha-1 \equiv \delta-1 \equiv \gamma \equiv \beta \equiv 0 \pmod d$.

CQFD

Soient E une courbe elliptique, d un entier ≥ 3, $H = \{z \in \mathbb{C} \ ; \ \mathrm{Im}(z) > 0\}$ le demi-plan de Poincaré, $\Gamma(d)$ le groupe modulaire défini dans 3.7 qui opère sur H de la manière habituelle : si $z \in H$, $A = \begin{pmatrix} \alpha & \beta \\ \gamma & \delta \end{pmatrix} \in \Gamma(d)$, alors

$$Az = \frac{\alpha z+\beta}{\gamma z+\delta} .$$

Soient $X'(d)$ le quotient $H/\Gamma(d)$, $X(d)$ la compactification habituelle de $X'(d)$. Nous fixons une base $\{\frac{1}{d}z_1, \frac{1}{d}\}$ pour $H_1(E,\mathbb{Z}) \subset U'$, où U' est le revêtement universel de E.

Pour tout élément z dans H, nous notons par $U(z)$ le réseau dans $V(z) \cong \mathbb{C} \oplus \mathbb{C}$ engendré par les éléments

$$u_1(z) = (z_1, 0) \ , \ u_2(z) = (0, z) \ , \ u_3(z) = (1, 0) \ , \ u_4(z) = (0, 1) \ ,$$
$$u_5(z) = \tfrac{1}{d}(1, z) \ , \ u_6(z) = \tfrac{1}{d}(z_1, 1) \ ,$$

et par $J(z)$ le quotient $V(z)/U(z)$ qui est donc une surface abélienne avec une projection $p(z) : J(z) \longrightarrow E$ induite par la projection de $V(z)$ sur son premier facteur, et une polarisation principale correspondant à la forme alternée $\langle \ , \ \rangle$ telle que

$$\langle u_1, u_2 \rangle = \langle u_1, u_4 \rangle = \langle u_2, u_3 \rangle = \langle u_3, u_4 \rangle = 0 \ ,$$
$$\langle u_1, u_3 \rangle = \langle u_2, u_4 \rangle = d \ .$$

Ceci donne une structure (E,d) sur $J(z)$ qui varie analytiquement avec z. Nous avons donc une famille de surfaces abéliennes $\tilde{j} : \tilde{J} \longrightarrow H$ de type (E,d) ayant une section 0, telle que $\tilde{j}^{-1}(z) = J(z)$. Le groupe $\Gamma(d)$ opère sur $\tilde{J}$ de la manière suivante : pour $A = \begin{pmatrix} \alpha & \beta \\ \gamma & \delta \end{pmatrix} \in \Gamma(d)$, soit $A : J(z) \longrightarrow J(Az)$ l'isomorphisme induite par l'isomorphisme $A : V(z) \longrightarrow V(Az)$ tel que

(14)
$$Au_1(z) = u_1(Az) \ , \quad Au_2(z) = \delta u_2(Az) - \beta u_4(Az) \ ,$$
$$Au_3(z) = u_3(Az) \ , \quad Au_4(z) = -\gamma u_2(Az) + \alpha u_4(Az) \ .$$

Il est clair que $A : J(z) \longrightarrow J(Az)$ est un isomorphisme au-dessus de E, donc compte tenu de 3.7, on peut passer au quotient pour trouver une famille de type (E,d) sur $X'(d)$:

$$j'(E,d) : \mathcal{J}'(E,d) \longrightarrow X'(d) \ ,$$

qui se complète comme d'habitude en une famille de groupes algébriques de dimension 2 sur $X(d)$:

$$j(E,d) : \mathcal{J}(E,d) \longrightarrow X(d)$$

ayant $E \times X(d)$ comme partie fixe.

<u>Théorème</u> 3.8. Soit $j' : \mathcal{J}' \longrightarrow C'$ une famille de surfaces abéliennes de type (E,d) ayant une section 0, où $d \geq 3$. Alors il existe un unique diagramme cartésien

$$\begin{array}{ccc} \mathcal{J}' & \xrightarrow{\Pi} & \mathcal{J}'(E,d) \\ j' \downarrow & & \downarrow j'(E,d) \\ C' & \xrightarrow{\pi} & X'(d) \end{array}$$

où Π envoie la section 0 à la section 0, et induit identité sur E .

Démonstration : Le lemme 3.7 dit que $j'(E,d)$ est un module grossier pour les surfaces abéliennes ayant une structure (E,d). Nous allons montrer que tout automorphisme au-dessus de E d'une surface abélienne $J(z)$ ayant une structure (E,d) avec $d \geq 3$, qui préserve la structure (E,d) et fixe l'élément neutre est trivial, ce qui implique que $j'(E,d)$ est aussi un module fin.

En effet, soient α un tel automorphisme, $\{u_i\}$ une base homologuée avec $u_2 = zu_4$. α induit un automorphisme sur V , noté aussi α , qui fixe la décomposition $V = V_1 \oplus V_2$. Comme la projection $p_{J(z)} : J(s) \longrightarrow E$ est déterminée par un isomorphisme de V_1 sur $V' = \mathrm{Lie}(E)$, α restreint à V_1 est l'identité, c'est-à-dire $\alpha u_1 = u_1$, $\alpha u_3 = u_3$. Comme $\{\alpha u_i\}$ est aussi une base homologuée, d'après 3.7, α est donné par une matrice A dans $\Gamma(d)$ qui opère sur $\{u_i\}$ selon la formule (14), avec $Az = z$. On en déduit que A est dans le stabilisateur de z . Mais il est bien connu que $\Gamma(d)$ opère librement sur H quand $d \geq 3$, donc A est l'identité, ce qui signifie que α est trivial. CQFD

Corollaire. Soit $f : S \longrightarrow C$ une fibration isotriviale de genre 2 avec $q = b+1$. Alors son degré associé $d = 2$.

Démonstration : La fibration en jacobiennes $j : \mathcal{J} \longrightarrow C$ associée à f est isotriviale de type (E,d). Si $d \geq 3$, le théorème dit que j est triviale, ce qui donnerait $q = b+2$. CQFD

Remarque 3.9. Nous pouvons aussi construire une famille

$$j(E,2) : \mathcal{J}(E,2) \longrightarrow X(2)$$

comme suit :

Il est bien connu que le groupe projectif $\Gamma(2)/\pm 1$ opère librement sur H , donc si nous avons un sous-groupe dans $\Gamma(2)$, qui est isomorphe à $\Gamma(2)/\pm 1$ par passage au quotient, nous pouvons procéder comme dans le cas $d \geq 3$ pour construire un module grossier.

En effet, le sous-groupe

$$\Gamma'(2) = \left\{ \begin{pmatrix} \alpha & \beta \\ \gamma & \delta \end{pmatrix} \in SL_2(\mathbb{Z}) \; ; \; \alpha \equiv \delta \equiv 1 \pmod 4, \; \beta \equiv \gamma \equiv 0 \pmod 2 \right\}$$

remplit évidemment notre condition, donc nous pouvons poser

$$\mathcal{J}'(E,2) = \tilde{J}/\Gamma'(2)$$

comme dans le cas général.

Par contre, parce que -1 est un élément dans $\Gamma(2)$, l'automorphisme α de $V(z)$ tel que

$$\alpha u_1 = u_1 \; , \; \alpha u_2 = -u_2 \; , \; \alpha u_3 = u_3 \; , \; \alpha u_4 = -u_4$$

induit un automorphisme non-trivial pour $J(z)$ de type $(E,2)$ au-dessus de E qui préserve la structure $(E,2)$. Nous n'avons donc pas de famille universelle de type $(E,2)$. Il n'est d'ailleurs pas difficile de voir que la construction de $j(E,2)$ ci-dessus n'est pas intrinsèque, car le groupe $\Gamma'(2)$ dépend du choix de la base de U_1 .

<u>Théorème</u> 3.10. Soient E une courbe elliptique, d un entier ≥ 3. Il existe une fibration de genre 2 de type (E,d), unique à isomorphisme près :

$$f(E,d) : S(E,d) \longrightarrow X(d) \; ,$$

ayant $j(E,d)$ pour fibration en jacobiennes, telle que toute fibration de genre 2 de type (E,d) est une désingularisation du pull-back de $f(E,d)$ par une extension de la base.

<u>Démonstration</u> : Regardons la famille $\tilde{j} : \tilde{J} \longrightarrow H$ définie avant le théorème 3.8. Soit $\mathcal{L}$ un faisceau inversible analytique sur $\tilde{J}$ tel que pour tout $z \in H$, la classe de $L(z) = \mathcal{L}|_{J(z)}$ dans $NS(J(z))$ corresponde à la polarisation principale de $J(z)$. (L'existence d'un tel $\mathcal{L}$ est immédiate). Riemann-Roch nous donne $h^0(J(z),L(z)) = 1$, autrement dit il y a un unique diviseur effectif $F(z)$ dans $H^0(J(z),L(z))$, qui est généralement une courbe lisse de genre 2. Par construction, les $F(z)$ varient analytiquement avec z , ce qui nous fournit une famille de courbes de genre 2 sur H :

$$\tilde{f} : \mathcal{S} \longrightarrow H \; .$$

Soit $A \in \Gamma(d)$. $A^*(L(Az))$ et $L(z)$ ayant la même classe dans $NS(J(z))$, il y a une unique (parce que la classe de $L(z)$ est une polarisation principale de $J(z)$) translation $T_{A,z}$ de $J(z)$ telle que $T^*_{A,z}A^*(L(Az)) = L(z)$, ce qui donne un isomorphisme

$$A^\dagger_z : F(Az) \xrightarrow{\sim} F(z) ,$$

qui est uniquement déterminé. Cette unicité dit que ces isomorphismes $A^\dagger_z$ respectent la multiplication de $\Gamma(d)$: $(A_1A_2)^\dagger_z = A^\dagger_{2,z} \circ A^\dagger_{1,A_2z}$, donc nous pouvons passer au quotient dans $\mathcal{G}$ par cette action de $\Gamma(d)$ pour trouver une fibration de genre 2 sur $X'(d)$:

$$f'(E,d) : S'(E,d) \longrightarrow X'(d) ,$$

qui se complète immédiatement en une fibration sur $X(d)$:

$$f(E,d) : S(E,d) \longrightarrow X(d) .$$

Soit

$$j_1 : \mathcal{J}_1 \longrightarrow X(d)$$

la fibration en jacobiennes associée à $f(E,d)$. Chaque fibre de j_1 a une projection sur E induite par les projections des $J(z)$ sur E , ce qui donne une projection au-dessus de $X(d)$ de $\mathcal{J}_1$ sur une surface $\mathcal{E}$ qui est fibrée en courbe E sur $X(d)$. Mais étant une fibration en jacobiennes, j_1 admet une section 0, par conséquent la fibration de $\mathcal{E}$ a aussi une section, ce qui implique que $\mathcal{E}$ est trivialement fibrée sur $X(d)$, autrement dit j_1 est une famille de type (E,d) ayant une section 0. Par l'universalité de $j(E,d)$, on déduit tout de suite que j_1 et $j(E,d)$ sont isomorphes. Nous pouvons donc supposer que $j(E,d)$ est la fibration en jacobiennes associée à $f(E,d)$.

Maintenant soit $f : S \longrightarrow C$ une fibration de genre 2 de type (E,d), $j : \mathcal{J} \longrightarrow C$ sa fibration en jacobiennes. Par l'universalité de $j(E,d)$, nous avons un diagramme cartésien

$$\begin{array}{ccc} \mathcal{J} & \xrightarrow{\Pi} & \mathcal{J}(E,d) \\ j\downarrow & & \downarrow j(E,D) \\ C & \xrightarrow{\pi} & X(d) \end{array} .$$

Soient F une fibre générale de f , F' la fibre de $f(E,d)$ au-dessus de l'image de $f(F)$. Nous avons un diagramme

$$\begin{array}{ccc} F & & F' \\ {\scriptstyle\alpha}\big\downarrow & & \big\downarrow{\scriptstyle\beta} \\ J(F) & \xrightarrow{\Pi|J(F)} & J(F') \end{array} ,$$

où les plongements α et β des fibres dans leurs jacobiennes sont uniques à translation près. Comme tout à l'heure, la différence entre $\Theta_{J(F')}(\Pi\alpha(F))$ et $\Theta_{J(F')}(F')$ est une unique translation de $J(F')$, donc il y a un isomorphisme $\varkappa_F : F \longrightarrow F'$ uniquement déterminé par ce procédé. L'unicité nous permet de recoller ces $\varkappa_F$ pour trouver un diagramme commutatif

$$\begin{array}{ccc} S & \xrightarrow{\varkappa} & S(E,d) \\ {\scriptstyle f}\big\downarrow & & \big\downarrow{\scriptstyle f(E,d)} \\ C & \xrightarrow{\pi} & X(d) \end{array}$$

qui est cartésien au-dessus d'un ouvert dense de $X(d)$.

Enfin, l'unicité de $f(E,d)$ est immédiate. CQFD

<u>Corollaire</u>. Soit C une courbe lisse. Il existe une fibration de genre 2 de type (E,d) à base C si et seulement si on a un morphisme surjectif de C sur $X(d)$.

<u>Démonstration</u> : Quand $d \geqq 3$, c'est la conséquence directe du théorème. Mais le cas $d=2$ est trivial : d'une part, l'exemple 3.1 donne des fibrations pour n'importe quelles E et C ; d'autre part, comme $X(2) \cong \mathbb{P}^1$, toute courbe C admet un morphisme sur $X(2)$. CQFD

Maintenant nous allons calculer les invariants numériques des fibrations $f(E,d)$.

<u>Lemme</u> 3.11. Soit F_o une fibre singulière de $f(E,d)$, $d \geqq 3$.

Si l'image de F_o est une pointe de $X(d)$, F_o est une courbe elliptique avec un seul point double ordinaire.

Si l'image de F_o est dans $X'(d)$, F_o est une fibre du type A du §1 avec Γ_1 et Γ_2 lisses.

<u>Démonstration</u> : Soit x_o l'image de F_o . Nous regardons la monodromie de $j(E,d)$ sur x_o . Il y a deux possibilités :

I) x_o est une pointe. Soit $\mathcal{V}$ un petit voisinage de x_o dans $X(d)$. Nous pouvons relever $\mathcal{V}-x_o$ en un ouvert $\mathcal{U}$ de H tel que la cloture de $\mathcal{U}$ contienne un unique nombre rationnel $\frac{b}{a}$, où $a,b \in \mathbb{Z}$, $(a,b)=1$, qui est un représentant de x_o. Quitte à faire un changement de base simultané des $U(z)$ pour $z \in \mathcal{U}$, on peut supposer $\frac{b}{a}=\infty$:

En effet, il y a deux entiers a', b' tels que $a'b-b'a=1$. Alors la base $\{u_i'\}(z)$ pour $U(z)$ telle que

$$u_1' = -bu_1+au_3 \ , \ u_2' = a'u_2-b'u_4 \ , \ u_3' = -b'u_1+a'u_3 \ , \ u_4' = au_2-bu_4 \ ,$$

$$u_5' = a'u_5-b'u_6 \ , \ u_6' = au_5-bu_6$$

fera l'affaire.

Maintenant $\mathcal{U}$ est de forme $\{z; \mathrm{Im}(z) \gg 0\}$, et un cercle dans $V-x_o$ qui tourne une fois autour de x_o se relève en un chemin en $\mathcal{U}$ commençant par un z et terminant par $z+d$. Dans l'écriture de Namakawa-Ueno [1] en posant $\alpha_1=u_3$, $\alpha_2=u_4$, $\beta_1=-u_6$, $\beta_2=-u_5$, le point du module de F_o est de la forme

$$\begin{pmatrix} \frac{1}{d}z_1 & \frac{1}{d} \\ \\ \frac{1}{d} & \infty \end{pmatrix},$$

et la matrice de monodromie est comme suit :

$$\begin{pmatrix} 1 & 0 & 0 & 0 \\ 0 & 1 & 0 & 1 \\ 0 & 0 & 1 & 0 \\ 0 & 0 & 0 & 1 \end{pmatrix},$$

donc F_o est de type parabolique [3], $[I_{1-0-0}]$ dans la classification du dit article, ce qui montre que F_o est une courbe elliptique avec un point double ordinaire.

II) x_o est un point dans $X'(d)$. Il est clair que la monodromie est triviale, donc la classification de Namikawa-Ueno [1] dit que F_o est comme dans l'énoncé du lemme. CQFD

<u>Corollaire</u>. Soit $f : S \longrightarrow C$ une fibration de genre 2 de type (E,d), $d \geq 3$. Alors f est semi-stable.

<u>Démonstration</u> : Par 3.10, f est le pull-back de $f(E,d)$ par une extension de base, donc elle est semi-stable si $f(E,d)$ l'est. Maintenant utiliser 3.11. CQFD

Lemme 3.12. Soient $t(d)$ le nombre de pointes de $X(d)$, $s(E,d)$ le nombre de paires de singularités non-négligeables de $f(E,d)$ défini dans le §1. Alors si $d \geqq 3$, on a

$$(15) \qquad c_2(S(E,d)) - 4g(X(d)) + 4 = s(E,d) + t(d) .$$

Démonstration : Il est bien connu que la partie gauche de (15) est égale à la somme

$$\sum_{F'} (\chi_{top}(F')+2) ,$$

où F' parcourt l'ensemble de fibres singulières de $f(E,d)$.

Quand F' est au-dessus d'une pointe de $X(d)$, 3.11 donne $\chi_{top}(F') = -1$, donc la contribution des fibres au-dessus des pointes dans la somme ci-dessus est $t(d)$.

Quand $J(F')$ est propre, 3.11 et le lemme 2.3 montrent que

$$\chi_{top}(F')+2 = \ell_{F'}-1 = s_{F'} ,$$

donc la contribution de ces fibres dans la somme est $s(E,d)$. D'où le lemme. CQFD

Nous rappelons quelques formules bien connues sur les courbes modulaires (cf. Shimura [1]). Soit

$$\Delta_d = \begin{cases} 1/4 & \text{si } d=2 \\ \frac{d^2}{24} \prod_p (1-\frac{1}{p^2}) & \text{si } d \geqq 3 , \end{cases}$$

où p parcourt l'ensemble de facteurs premiers de d . Alors

$$(16) \qquad \begin{cases} g(X(d)) = (d-6)\Delta_d + 1 ; \\ t(d) = 12\Delta_d . \end{cases}$$

Théorème 3.13. Pour $d \geqq 3$, nous avons

$$\chi(\mathcal{O}_{S(E,d)}) = 2g(X(d))-2 + \tfrac{1}{2}t(d) = (2d-6)\Delta_d ,$$

$$K^2_{S(E,d)} = 6\chi(\mathcal{O}_{S(E,d)}) + 3g(X(d))-3 = (15d-54)\Delta_d .$$

Démonstration : Soient $S = S(E,d)$, $f = f(E,d)$, $\chi = \chi(\mathcal{O}_S)$, $b = g(X(d))$, $t = t(d)$, $s = s(E,d)$.

Calculons d'abord χ . Nous avons vu dans le §1 que

$$\chi = \chi(\mathcal{O}_{X(d)}) - \chi(R^1 f_* \mathcal{O}_S) ,$$

donc

$$\chi - b + 1 = -\deg(R^1 f_* \mathcal{O}_S) .$$

Nous pouvons construire le fibré $R^1 f_* \mathcal{O}_S$ comme suit :

Soit $L = \tilde{L}_1 \oplus \tilde{L}_2$ le fibré trivial de rang 2 sur H , où $\tilde{L}_i \cong \mathbb{C} \times H$. Pour chaque z dans H , il y a un isomorphisme $\rho_z : V(z) \longrightarrow \tilde{L}|_z$ tel que $\rho_z(u_3) = (1,0)$, $\rho_z(u_4) = (0,1)$, ce qui met sur $\tilde{L}$ une structure d'algèbre de Lie pour la famille $\tilde{j} : \tilde{J} \longrightarrow H$ définie juste avant le théorème 3.8. Maintenant via les ρ_z , (14) définit une action de $\Gamma(d)$ sur $\tilde{L}$ qui préserve la décomposition $\tilde{L} = \tilde{L}_1 \oplus \tilde{L}_2$ et qui est triviale sur $\tilde{L}_1$. Le quotient

$$L = \tilde{L}/\Gamma(d) = L_1 \oplus L_2 ,$$

où L_i est l'image de $\tilde{L}_i$, est donc l'algèbre de Lie de la fibration $j(E,d) : \mathcal{J}(E,d) \longrightarrow X(d)$. Nous avons donc

$$L \cong R^1 f_* \mathcal{O}_S$$

à cause du lemme 1.3, en particulier

$$-\chi + b - 1 = \deg(R^1 f_* \mathcal{O}_S) = \deg L = \deg L_2 ,$$

puisque par construction, L_1 est un fibré trivial.

Soient v une section non-nulle de L_2 , h son image réciproque dans $\tilde{L}_2$. On peut considérer h comme une fonction méromorphe définie sur H . D'après (14), pour tout $A = \begin{pmatrix} \alpha & \beta \\ \gamma & \delta \end{pmatrix} \in \Gamma(d)$ et tout $z \in H$, on a

$$h(z) = (\alpha - \gamma(Az))^{-1} h(Az) = (\gamma z + \delta) h(Az) ,$$

c'est-à-dire h est une forme modulaire de poids -1 du groupe $\Gamma(d)$. Parce que les pointes de $X(d)$ sont régulières au sens de Shimura [1] pour $d \geq 3$, on constate facilement que

$$\deg(h) = \deg(v) = \deg(L_2) = -\chi + b - 1 ,$$

où $\deg(h)$ est défini dans Shimura [1], $\deg(v)$ est le nombre de zéros moins le nombre de pôles de v . Mais par la proposition 2.16 du dit livre, on a

$$\deg(h) = -\tfrac{1}{2}(2b-2+t) ,$$

d'où la formule pour χ .

Maintenant nous avons $s = K_S^2-2\chi-6b+6$ par (5') et $t = 2\chi-4b+4$ par ce qu'on vient de montrer, donc compte tenu de (15), on a

$$c_2(S) = K_S^2 - 6(b-1) .$$

Ensuite la formule de Noether donne

$$12\chi = K_S^2 + c_2(S) = 2K_S^2 - 6(b-1) ,$$

d'où $K_S^2 = 6\chi+3b-3$. CQFD

Maintenant nous avons plusieurs conséquences.

Corollaire 1. Soit $d \geq 3$. Le nombre de paires de singularités non-négligeables de $f(E,d)$ ne dépend pas de E , nous pouvons donc écrire $s(d)$ au lieu de $s(E,d)$. On a

$$s(d) = (5d-6)\Delta_d ,$$

donc

$$s(d) + t(d) = (5d+6)\Delta_d .$$

Démonstration : Par (5'), $s(d)$ vaut $K_S^2-2\chi-6b+6$. CQFD

Corollaire 2. Soit $f : S \longrightarrow C$ une fibration de genre 2 de type (E,d). Alors $\lambda(f) = 7-\frac{6}{d}$.

Démonstration : Le cas $d=2$ étant déjà montré par (13), on peut supposer $d \geq 3$. Le théorème 3.10 donne un diagramme de changement de base

$$\begin{array}{ccc} S & \longrightarrow & S(E,d) \\ f\downarrow & & \downarrow f(E,d) \\ C & \xrightarrow{\ \pi\ } & X(d) \end{array}$$

où π est un revêtement fini ramifié le long des images de fibres semi-stables de $f(E,d)$, par 3.11. Comme 3.13 donne $\lambda(f(E,d)) = 7-\frac{6}{d}$, il suffit de montrer que les équations (10) sont vraies pour un tel changement de base.

En effet, il est bien connu que l'on a dans ce cas

$$f_*\omega_S = \pi^* f_*\omega_{S(E,d)} ,$$

ce qui donne tout de suite l'équation de $\chi(\mathcal{O}_S)$ parce que par la suite spectrale de Leray, $\chi(\mathcal{O}_S) = \chi(\omega_S) = \chi(f_*\omega_S) - \chi(\omega_C)$. D'autre part, soient $P(E,d)$ et P les surfaces réglées correspondant respectivement à $f(E,d)$ et à f, comme dans le §1, $n(E,d)$ (resp. n) le degré du diviseur de ramification $R(E,d)$ (resp. R) dans $P(E,d)$ (resp. P), défini dans le §1. Alors il est clair que P est le pull-back de $P(E,d)$ par π, et que P est l'image réciproque de $R(E,d)$, donc $n = \deg\pi \cdot n(E,d)$. Maintenant (5) et l'équation de $\chi(\mathcal{O}_S)$ dans (10) donnent $s = \deg\pi \cdot s(E,d)$, d'où l'équation de K_S^2 par (5). CQFD

<u>Corollaire</u> 3. Soient p_g, K^2 deux entiers avec $p_g \geqq 0$. Il existe une fibration $f : S \longrightarrow \mathbb{P}^1$ de genre 2 ayant p_g, $q = 1$, K^2 pour invariants numériques si et seulement si

$$K^2 = 4p_g-4 \quad , \quad 5p_g-3 \quad , \quad 5.5p_g-2.5 \quad \text{ou} \quad 5.8p_g-2.2 .$$

<u>Démonstration</u> : Soit d le degré associé de f. Par 3.10, nous avons une surjection $\pi : \mathbb{P}^1 \longrightarrow X(d)$, ce qui donne $g(X(d)) = 0$, donc (16) dit que $d \leqq 5$, d'où par le corollaire précédent, on obtient le côté $\Longrightarrow$ du corollaire.

Inversement, i) le cas $K^2 = 4p_g-4$ est contenu dans le théorème 2.9 ; ii) le pull-back de $f(E,3)$ (resp. $f(E,4)$, $f(E,5)$) d'un morphisme $\pi : \mathbb{P}^1 \longrightarrow X(d)$ $(d = 3,4,5)$ tel que $\deg\pi = p_g+1$ (resp. $\deg\pi = \frac{1}{2}p_g$, $\deg\pi = \frac{1}{5}(p_g-1)$) est une fibration avec $K^2 = 5p_g-3$ (resp. $5.5p_g-2.5$, $5.8p_g-2.2$). CQFD

<u>Corollaire</u> 4. Il existe exactement une famille de dimension 1 de fibrations de genre 2 avec $b = 0$, $p_g = q = 1$, $K^3 = 3$. Cette famille est paramétrée par la base du module grossier de courbes elliptiques.

<u>Démonstration</u> : En effet, ce sont exactement les fibrations $f(E,4)$.

Il est à remarquer que l'existence des fibrations avec $b = 0$, $p_g = q = 1$, $K^2 = 3$ est autrement très difficile à prouver (cf. le chapitre suivant).

Remarque 3.14. La méthode dans la démonstration du théorème 3.10 nous permet de construire une fibration

$$f(E,2) : S(E,2) \longrightarrow X(2)$$

ayant la famille $j(E,2)$ dans la remarque 3.9 comme fibration en jacobiennes. Ici la courbe $X(2)$ a une pointe irrégulière au sens de Shimura [1], qui est représentée par le nombre rationnel 1. D'après la classification de Namikawa-Ueno [1], la fibre de $f(E,2)$ au-dessus de ce point est du type V de Horikawa [1]. Un calcul de la forme modulaire comme dans 3.13 montre $\chi(\mathcal{O}_{S(E,2)}) = 0$, donc par (13), on a $K^2_{S(E,2)} = -4$, ensuite par (5), $s(2) = 2$. Remarquons que (15) n'est pas vrai pour cette fibration, ni les formules de 3.13.

En somme, pour les petites valeurs de d , nous avons le tableau suivant.

d	2	3	4	5	6	7	8	9	10	11
$g(X(d))$	0	0	0	0	1	3	5	10	13	26
$\chi(\mathcal{O}_{S(E,d)})$	0	0	1	4	6	16	20	36	42	80
$K^2_{S(E,d)}$	-4	-3	3	21	36	102	132	243	288	555
$s(d)$	2	3	7	19	24	58	68	117	132	245
$t(d)$	3	4	6	12	12	24	24	36	36	60
$\lambda(f(E,d))$	4	5	$5\frac{1}{2}$	$5\frac{4}{5}$	6	$6\frac{1}{7}$	$6\frac{1}{4}$	$6\frac{1}{3}$	$6\frac{2}{5}$	$6\frac{5}{11}$
Δ_d	$\frac{1}{4}$	$\frac{1}{3}$	$\frac{1}{2}$	1	1	2	2	3	3	5

Proposition 3.15. Soient d un entier ≥ 2 , C une courbe non-rationnelle,

$$\pi : C \longrightarrow X(d)$$

un morphisme surjectif. Alors il y a une fibration $f : S \longrightarrow C$ de genre 2 avec

$$q = b \quad , \quad e = \chi - b + 1 \quad , \quad K^2 = (7-\tfrac{6}{d})\chi + (1+\tfrac{6}{d})(b-1) \ ,$$

$$\chi = \deg\pi \cdot (\chi(\mathcal{O}_{S(E,d)}) - g(X(d)) + 1) + b - 1 = \underbrace{d\Delta_d \deg\pi + b - 1}_{\text{si } d \geq 3} \ .$$

Démonstration : Dans le cas $d=2$, un automorphisme de $X(2) \cong \mathbb{P}^1$ nous permet de supposer que les images des points de ramification de π ne tombent pas sur les pointes de $X(2)$, donc dans tous les cas, les équations (10) sont vraies. Maintenant il suffit de prendre pour f une fibration proche du pull-back de $f(E,d)$ par π . CQFD

Le résultat suivant est utile pour appliquer les modifications élémentaires 2.7.

Théorème 3.16. Soit $d \geqq 3$. Les fibres singulières de $f(E,d)$ ayant une jacobienne propre sont toutes comme suit :

où Γ_1 et Γ_2 sont des courbes elliptiques lisses de carré -1 . Ou ce qui est équivalent, le nombre de ces fibres égale $s(d)$.

Démonstration : D'après 3.4, une fibre F dont la jacobienne est propre est singulière si et seulement si son image dans $J(F)$ n'est pas irréductible.

Le lemme suivant doit être clair.

Lemme 3.17. Soient J une surface abélienne principalement polarisée, D un diviseur Θ dans J . D n'est pas irréductible si et seulement si J est un produit de deux courbes elliptiques : $J = E_1' \times E_2'$, D étant la somme d'une fibre de $p_1 : J \longrightarrow E_1'$ et une fibre de $p_2 : J \longrightarrow E_2'$, et ceci si et seulement si le revêtement universel V de J se factorise en somme directe de deux droites complexes : $V = V_1' \oplus V_2'$, tel que le réseau U dans V définissant J se factorise en $U = U_1' \oplus U_2'$, où $U_i' = U \cap V_i'$, et que la forme alternée $\langle\ ,\ \rangle : U \times U \longrightarrow \mathbb{Z}$ correspondant à la polarisation satisfait à

$$\langle v_1, v_2 \rangle = 0 \quad , \quad \forall v_1 \in U_1' \ , \ v_2 \in U_2' \ .$$

La démonstration du théorème est composée de deux parties.

I) Le nombre de fibres singulières de $f(E,d)$ au-dessus de $X'(d)$ ne dépend pas de la courbe E .

Lemme 3.18. Soient J , D , U , V comme dans le lemme précédent. D n'est pas irréductible si et seulement si il existe deux éléments v_1 , v_2 dans U tels que : i) $\langle v_1,v_2\rangle = 1$; ii) v_1 et v_2 sont dans une même droite complexe de V .

Démonstration : Le côté $\Longrightarrow$ étant déjà montré par le lemme précédent, nous supposons qu'il y a v_1 , v_2 dans U vérifiant i) et ii).

Soient U_1' le sous-groupe de U engendré par v_1 et v_2 , U_2' l'orthogonal de U_1' , V_i' le sous-espace de V engendré par U_i' . On constate tout de suite que les V_i' sont des droites complexes dans V (d'après les conditions pour $\langle\ ,\ \rangle$), telles que $V \cong V_1' \oplus V_2'$, et que la projection $V \longrightarrow V_1'$ induit une structure (E,d) sur J . Comme $\langle v_1,v_2\rangle = 1$, nous avons $d = 1$, donc $U = U_1' \oplus U_2'$. Le reste est automatique. CQFD

Remarque. Il est clair que si D n'est pas irréductible (donc est décomposé), la décomposition correspondante de U est unique à l'ordre des facteurs près.

Regardons d'abord le groupe commutatif U engendré librement par $\{u_1,u_2,u_5,u_6\}$ comme un groupe abstrait muni d'une forme alternée $\langle\ ,\ \rangle$, et $u_3 = du_5-u_2$, $u_4 = du_6-u_1$. Considérons l'ensemble $\mathcal{E}$ des paires (v_1,v_2) d'éléments dans U tels que $\langle v_1,v_2\rangle = 1$. Nous avons une relation d'équivalence $\sim$ dans $\mathcal{E}$ telle que :

1) $(v_1,v_2) \sim (v_1',v_2')$ si $\langle v_1,v_2\rangle$ et $\langle v_1',v_2'\rangle$ engendrent le même sous-groupe de U ;

2) $(v_1,v_2) \sim (v_1',v_2')$ si U est la somme directe des sous-groupes engendrés par $\{v_1,v_2\}$ et par $\{v_1',v_2'\}$;

3) $(v_1,v_2) \sim (v_1',v_2')$ si il y a un automorphisme α de U tel que $v_i' = \alpha v_i$, et que $\alpha u_1 = u_1$, $\alpha u_3 = u_3$, $\{\alpha u_2,\alpha u_4\}$ est une base du sous-groupe engendré par $\{u_2,u_4\}$.

Soit $\mathcal{E}'$ un sous-ensemble de $\mathcal{E}$ tel que dans chaque classe d'équivalence de $\mathcal{E}$, il y a exactement une paire (v_1,v_2) dans $\mathcal{E}'$.

Maintenant soient E une courbe elliptique, z_1 un nombre complexe dans H qui correspond à E , et z un élément variable dans H . Nous pouvons projeter U dans $\mathbb{C} \oplus \mathbb{C}$ en mettant $u_3 \longmapsto (1,0)$, $u_4 \longmapsto (0,1)$,

$u_1 \longmapsto (z_1,0)$, $u_2 \longmapsto (0,z)$. Soit $U(z_1,z)$ (resp. $u_i(z_1,z), v_i(z_1,z)$) l'image de U (resp. u_i, v_i), et soit (v_1,v_2) une paire dans E'. Par le lemme 3.18, la paire $(v_1(z_1,z), v_2(z_1,z))$ correspond à une décomposition du diviseur Θ de $J(z_1,z)$ si et seulement si il y a un $h \in H$ tel que

$$v_1(z_1,z) = hv_2(z_1,z) . \tag{17}$$

Exprimant (17) en coordonnées et éliminant h, on obtient une relation

$$(a_1+b_1z_1)(a_2+b_2z) = c , \tag{18}$$

où les a_i, b_i, c sont des nombres réels rationnels qui dépendent uniquement de la paire (z_1,z) dans E'. Par construction, il est clair que les fibres singulières de $f(E,d)$ au-dessus de $X'(d)$ correspondent bijectivement aux $z \in H$ tels qu'il y ait une paire (v_1,v_2) dans E' pour que (18) soit vraie. Mais si pour un $z_1 \in H$, il y a un z que vérifie (18), alors pour tout $z \in H$, il y a exactement un z qui vérifie (18), et vice versa. De plus, par la construction de E', on voit facilement que pour tout ensemble $\{z_1,z\}$, il y a au plus une paire (v_1,v_2) dans E' telle que (18) soit vraie. Donc le nombre de fibres singulières au-dessus de $X'(d)$ ne dépend pas de E.

II) Le théorème est vrai si E n'a pas d'automorphisme sauf ± 1.

Soient F_0 une fibre singulière de $f(E,d)$ au-dessus de $X'(d)$, $J_0 = J(F_0)$, $V = H_1(J_0,\mathbb{C})$, $U = H_1(J_0,\mathbb{Z})$. Par 3.17, nous avons une base $\{v_1,v_2,v_3,v_4\}$ de U telle que v_2 et v_4 engendrent V en tant que plan complexe, et $v_1 = c'v_2$, $v_3 = c''v_4$, où $c', c'' \in H$, avec

$$\langle v_1,v_3\rangle = \langle v_1,v_4\rangle = \langle v_2,v_3\rangle = \langle v_2,v_4\rangle = 0 ,$$

$$\langle v_1,v_2\rangle = \langle v_3,v_4\rangle = 1 .$$

Soit $\widetilde{W}$ l'ensemble des matrices symétriques $Z = \begin{pmatrix} z_1+c' & z_2 \\ z_2 & z_3+c'' \end{pmatrix}$,

où $z_i \in \mathbb{C}$, $|z_i| < \varepsilon$. A chaque $Z \in \widetilde{W}$, nous avons un réseau $U(Z)$ dans $V(Z) = \mathbb{C} \oplus \mathbb{C}$ engendré par $\{v_i(Z)\}$, où

$$v_1 = (z_1+c')v_2 + z_2v_4 ,$$

$$v_3 = z_2v_2 + (z_3+c')v_4 .$$

Nous avons une forme alternée $\langle\ ,\ \rangle$ sur $U(Z)\times U(Z)$ telle que

$$\langle v_1,v_3\rangle = \langle v_1,v_4\rangle = \langle v_2,v_3\rangle = \langle v_2,v_4\rangle = 0\ ,$$

$$\langle v_1,v_2\rangle = \langle v_3,v_4\rangle = 1\ ,$$

qui met une structure de surface abélienne principalement polarisée sur $J(Z) = V(Z)/U(Z)$, ce qui donne une famille de surfaces abéliennes principalement polarisées $j : \mathcal{J} \longrightarrow W$ telle que la fibre de j au-dessus de Z soit $J(Z)$. Nous avons donc un revêtement fini w de $\mathbf{W}$ dans un voisinage W du point de module x_0 de F_0 dans le domaine de l'application des périodes des courbes de genre 2. Il est clair que le degré de ce revêtement est égal au nombre de classes d'automorphismes de J_0 modulo ± 1 .

Maintenant on a un plongement naturel d'un voisinage de $f(E,d)(F_0)$ en $X'(d)$ dans $\widetilde{\mathbf{W}}$, dont l'image est une courbe $\widetilde{X}$. D'autre part, il n'est pas difficile de montrer que les surfaces abéliennes dans $\mathcal{J}$ telles que le diviseur Θ se décompose en somme de deux courbes elliptiques sont les $J(Z)$ telles que $z_2 = 0$, dont les images dans $\widetilde{W}$ forment une surface lisse $\widetilde{N}$. Soient $X = w(\widetilde{X})$, $N = w(\widetilde{N})$. Alors comme le nombre d'intersection $NX|_{x_0}$ est justement le "degré π" défini dans Namikawa-Ueno [1], il suffit de montrer $NX|_{x_0} = 1$ par la classification dans le dit article.

Nous avons d'abord $\widetilde{\widetilde{NX}}|_{z_0} = 1$, où $w(z_0) = x_0$: en effet, si nous choisissons une famille de bases homologuées $\{u_i(Z)\}$ pour $U(Z)$, $Z \in \widetilde{X}$, telle que $u_2(Z) = zu_4(Z)$, où z est une fonction analytique $\widetilde{X} \longrightarrow H$, et si nous exprimons les $v_i(Z)$ en termes de $u_i(Z)$, alors z_2 s'écrit une fraction $\frac{f(z)}{f'(z)}$ de deux fonctions linéaires f , f' de z , donc $z_2 = 0 \Longleftrightarrow f(z) = 0$, ce qui veut dire exactement que $\widetilde{N}$ et $\widetilde{X}$ se coupent transversalement.

Maintenant $NX = w^*(N)w^*(X)/\deg(w)$, donc avec $\widetilde{\widetilde{NX}} = 1$, il suffit de montrer que $w^{-1}(X)$ est composée de $\deg(w)$ courbes différentes, et vu l'universalité de $j(E,d)$, cela est équivalent à ce qu'une surface abélienne J au-dessus d'un point général de $\widetilde{X}$ n'a pas d'automorphisme excepté ± 1 .

En effet, pour une telle J les courbes $E_1 = V_1/U_1$ et $E_2 = V_2/U_2$ ne sont pas isogènes, donc il n'y a pas de courbe isomorphe à E_2 dans J qui ne soit pas algébriquement équivalente à E_2 , ce qui entraîne que V_1 doit être stable sous tout automorphisme de J , donc par la démonstration de 3.8 et notre choix de E, les seuls automorphismes de J sont ± 1, d'où II) et donc le théorème. CQFD

Nous consacrons le reste de ce chapitre à une variante de la méthode développée jusqu'ici, ce qui va nous donner d'autres exemples de fibrations avec pente > 4, surtout un exemple dans le chapitre suivant d'une surface S avec $p_g(S) = q(S) = 0$, $K_S^2 = 2$; $\mathrm{Tor}(S) = \mathbb{Z}_3 \oplus \mathbb{Z}_3$.

Fixons un entier $d \geq 3$. Soient H le demi-plan de Poincaré, $\tilde{V}$ le fibré tangent de $H \times H$. $\tilde{V}$ est la somme directe de deux fibrés triviaux : $\tilde{V} = \tilde{V}_1 \oplus \tilde{V}_2$. Prenons une section non-nulle dans $\tilde{V}_1$ et une autre dans $\tilde{V}_2$, de sorte qu'elles définissent un isomorphisme unique de chaque fibre de $\tilde{V}$ avec $\mathbb{C} \oplus \mathbb{C}$. Maintenant pour chaque point (z_1,z_2) dans $H \times H$, nous avons un réseau $U_{(z_1,z_2)}$ dans $V_{(z_1,z_2)}$, qui est engendré par

$$\{(1,0),(0,1),(z_1,0),(0,z_2),\tfrac{1}{d}(1,z_2),\tfrac{1}{d}(z_1,1)\} .$$

De plus, ces réseaux se recollent pour donner un réseau $\tilde{U}$ dans $\tilde{V}$, et le quotient $\tilde{V}/\tilde{U}$ est une famille $\tilde{\mathcal{J}}$ de surfaces abéliennes sur $H \times H$:

$$\tilde{j} : \tilde{\mathcal{J}} \longrightarrow H \times H .$$

On a aussi une polarisation principale pour chaque fibre de $\tilde{j}$, qui est définie par la forme alternée

$$\langle\ ,\ \rangle : U_{(z_1,z_2)} \times U_{(z_1,z_2)} \longrightarrow \mathbb{Z}$$

telle que

$$\langle (z_1,0),(1,0)\rangle = \langle (0,z_2),(0,1)\rangle = d \ ;$$

$$\langle (1,0),(0,1)\rangle = \langle (1,0),(0,z_2)\rangle = \langle (z_1,0),(0,1)\rangle = \langle (z_1,0),(0,z_2)\rangle = 0.$$

Maintenant par le lemme 3.7 et sa symétrie, on trouve une action du groupe $\Gamma(d) \times \Gamma(d)$ sur $\tilde{\mathcal{J}}$ telle que $(A_1,A_2)J_{(z_1,z_2)} = J_{(A_1z_1,A_2z_2)}$, où $A_1,A_2 \in \Gamma(d)$, $J_{(z_1,z_2)}$ est la fibre de $\tilde{j}$ au-dessus de (z_1,z_2). On peut donc passer au quotient pour avoir une famille

$$j : \mathcal{J} \longrightarrow X'(d) \times X'(d) ,$$

où $X'(d) = H/\Gamma(d)$. Comme dans la démonstration de 3.10, on peut recoller les diviseurs Θ des fibres de j pour avoir une famille $\mathcal{S}$ de courbes de genre deux sur $X'(d) \times X'(d)$.

Remarquons tout de suite que le quotient de $\widetilde{V}$ par cette action de $\Gamma(d)\times\Gamma(d)$, qui est un fibré $\hat{V}$ sur $X'(d)\times X'(d)$, s'identifie canoniquement à l'algèbre de Lie de la famille $\mathcal{J}$.

Soient $|D_1|$, $|D_2|$ deux systèmes linéaires sans point de base, de degrés d_1 et d_2 respectivement, sur la courbe $X(d)$ (= complétée de $X'(d)$), C un diviseur assez général dans $|p_1^*(D_1)+p_2^*(D_2)|$, où p_i est la i-ième projection de $X(d)\times X(d)$. C est donc une courbe lisse de genre

$$b = (d_1-1)(d_2-1)+g(X(d))(d_1+d_2)$$

par la formule d'adjonction. Soient C' l'intersection de C avec $X'(d)\times X'(d)$,

$$S' = C'\times_{X'(d)\times X'(d)}\mathcal{J} \ .$$

On peut compléter S' de façon unique en une surface S projective et lisse, de sorte que S admet une fibration $f:S\longrightarrow C$ relativement minimale de genre deux induite par la projection de S' sur C'.

<u>Proposition</u> 3.19. Pour la fibration $f:S\longrightarrow C$ ci-dessus, on a

$$q = b = (d_1-1)(d_2-1)+g(X(d))(d_1+d_2) \ ,$$

$$\chi = (d_1+d_2)(b-1+\tfrac{1}{2}t(d))+b-1 \ , \quad e = |d_1-d_2| \ ,$$

$$K^2 = 6\chi + (d_1+d_2+2)(b-1) \ .$$

<u>Démonstration</u> : L'égalité $q=b$ est immédiate car la fibration en jacobiennes associée à f , qui est précisément une extension de j sur C , n'a pas de partie fixe.

Pour calculer χ , soient T le fibré tangent de la courbe modulaire $X(d)$, $V_i = p_i^*(T)$, $i=1,2$, où

$$\begin{array}{ccc} & X(d)\times X(d) & \\ {}^{p_1}\swarrow & & \searrow^{p_2} \\ X(d) & & X(d) \end{array} \ ,$$

et $V = V_1\oplus V_2$. Il est clair par construction que V restreint à $X'(d)\times X'(d)$ égale $\hat{V}$. D'autre part, la généralité du choix de C nous permet de supposer que C intersecte transversalement les lignes de pointe de $X(d)\times X(d)$ (c'est-à-dire les lignes dans $X(d)\times X(d) - X'(d)\times X'(d)$), donc un calcul de monodromie comme dans la démonstration du lemme 3.11 montre que f est semi-stable. Par conséquent, $V' = V|_C$ est exactement l'algèbre de Lie de la fibration en jacobiennes associée à f. Mais la décomposition $V = V_1 \oplus V_2$ induit une décomposition $V' = V_1' \oplus V_2'$, et comme $p_1|_C$ (resp. $p_2|_C$) est un morphisme de degré d_2 (resp. d_1), on a

$$\deg V' = \deg V_1' + \deg V_2' = (d_1+d_2)\deg T .$$

Maintenant $\deg T = \frac{1}{2}(2b-2+t(d))$ (voir la démonstration du théorème 3.13), et $\deg V' = \chi-b+1$ d'après le lemme 1.3, ce qui donne la formule énoncée pour χ.

L'expression de K^2 est maintenant facile : au-dessus de chaque point d'intersection de C avec une ligne de pointe, la fibre F de f est une courbe elliptique avec un point double ordinaire, donc

$$\chi_{top}(F) = -1 .$$

Comme de telles fibres sont en nombre $(d_1+d_2)t(d)$, et le reste des fibres de f n'ont pas de singularité négligeable (car elles ont des jacobiennes propres), on a

$$\begin{aligned} c_2(S) &= 4(b-1) + s + (d_1+d_2)t(d) \\ &= K^2 - 2(d_1+d_2+2)(b-1) \end{aligned}$$

(par (5') et l'expression de χ démontrée tout à l'heure). Donc par la formule de Noether,

$$12\chi = K^2 + c_2(S) = 2K^2 - 2(d_1+d_2+2)(b-1) ,$$

d'où la formule de K^2.

Enfin, l'expression de e résulte immédiatement de la décomposition de V'. CQFD

A partir de ces fibrations, nous pouvons bien sûr construire d'autres exemples par les opérations 2.6, 2.7, 2.8 du chapitre précédent.

§4. LES FIBRATIONS AVEC PETITS INVARIANTS NUMÉRIQUES

Ce chapitre est composé essentiellement de deux parties. D'abord, nous classifions les fibrations de genre 2 avec $K^2 \leqq 0$, en déterminant le type de la surface dans une telle fibration. Dans 4.5, nous donnons une liste de toutes ces fibrations. Deuxièmement, nous étudions des propriétés des fibrations ayant $K^2 > 0$, $\chi = 1$, $b = 0$, qui échappent aux méthodes générales des chapitres suivants.

Proposition 4.1. Soit S' une surface minimale de type général ayant un pinceau de courbes de genre géométrique 2 avec des points de base. Alors $p_g(S') = 2$, $q(S') = 0$, $K_{S'}^2 = 1$, et le pinceau de courbes de genre 2 est le pinceau canonique dont la courbe générale est lisse. De plus, pour une surface S' avec les invariants numériques ci-dessus, le pinceau canonique est un pinceau de courbes de genre 2 avec un seul point de base.

Démonstration : Soient $S \longrightarrow S'$ l'éclatement des points de base du pinceau en question, F un élément du pinceau réciproque dans S , F' l'image de F dans S'. On a $F^2 = 0$, $K_S F = 2$, donc $K_{S'} F' < 2$. Vu l'hypothèse faite sur S', $K_{S'} F' > 0$, donc $K_{S'} F' = 1$. De plus $K_{S'}$ est un vecteur positif dans $NS(S')$, donc le théorème de l'index de Hodge implique

$$K_{S'}^2 \times (F')^2 \leqq (K_{S'} F')^2 , \qquad (19)$$

ce qui force $K_{S'}^2 = (F')^2 = 1$, et F' est numériquement équivalent à $K_{S'}$, c'est-à-dire $K_{S'} - F'$ est un diviseur de torsion. Maintenant selon Bombieri [1, Théorèmes 9 et 11], on a $q(S') = 0$, $p_g(S') \leqq 2$. De plus les théorèmes 14 et 15 du même article disent que si $p_g(S')$ n'est pas nul, F' est linéairement équivalent à $K_{S'}$, par conséquent $p_g(S') = h^0(F') = 2$. Il suffit donc d'exclure la possibilité $p_g(S') = 0$, or dans ce cas Riemann-Roch dit que $h^1(K_{S'} - F') = 1$, ce qui contredit le fait que $\pi_1(S')$ est un groupe fini (voir Xiao [1, lemme 8]).

Pour la deuxième assertion de la proposition, il suffit de montrer que pour une telle surface S', le système $|K_{S'}|$ n'a pas de partie fixe. Or si l'on note $|K_{S'}| = |X| + Z$ où Z est la partie fixe de $|K_{S'}|$, les inégalités $K_{S'} X > 0$ et $K_{S'} Z \geqq 0$ entraînent $K_{S'} X = 1$, $KZ = 0$. Puis parce que X^2 a la même parité que $K_{S'} X$, on obtient

$X^2 = 1$, $ZX = Z^2 = 0$. Par le théorème de l'index, $KZ = Z^2 = 0$ force Z d'être nul.

CQFD

Nous rappelons que sauf mention expresse du contraire, nous ne considérons que des $f: S \longrightarrow C$ relativement minimales.

Proposition 4.2. Soit S une surface fibrée en courbes de genre 2. Si $K_S^2 \geqq 0$, alors la dimension de Kodaira $\varkappa(S)$ est $\geqq 1$.

Corollaire (de 4.1 et 4.2). Si $K_S^2 > 0$, S est minimale de type général. Si $K_S^2 = 0$, $\varkappa(S) = 1$ sauf pour quelques surfaces avec $p_g = 2$, $q = 0$.

Démonstration : Supposons $K_S^2 \geqq 0$. Il y a deux possibilités à esclure : $\varkappa(S) = 0$ ou $-\infty$.

Si $\varkappa(S) = 0$, alors $K_S^2 = 0$, S est minimale. Mais dans ce cas $K_S \sim 0$, ce qui contredit la condition $K_S F = 2$ pour une fibre F de la fibration.

Si $\varkappa(S) = -\infty$, alors $p_g = 0$. Le théorème 2.2 donne $q = b = 1$ ou 0. Dans le premier cas f est une fibration lisse, $e = 0$, et (6) donne

$$K_S \equiv \Phi^* L \sim \Phi^*(1,0) \ .$$

$L - C_o$ (C_o comme dans le §1) étant un diviseur de torsion, il y a un entier $k > 0$ tel que $|kL|$ ne soit pas vide, donc $|kK_S| \neq \Phi$ aussi, ce qui contredit l'hypothèse $\varkappa(S) = -\infty$.

Aussi dans le deuxième cas $(q = b = 0)$, Riemann-Roch donne compte tenu de (7)

$$h^o(\hat{M}) \geqq \chi(\hat{M}) = K^2 + 1 > 0 \ ,$$

donc $\varkappa(S) \neq -\infty$.

CQFD

Proposition 4.3. Soit $f: S \longrightarrow C$ telle que $p_g = 2$, $q = 0$, $K^2 = 0$. On a $b = 0$, et $e = 0$ ou 2 par (9) et 2.1, $s = 0$ par (5').

i) Si $e = 0$, S est minimale avec $\varkappa(S) = 1$.

ii) Si $e = 2$, S est de type général avec un point éclaté. Son modèle minimal S' est donc la surface décrite dans 4.1.

Démonstration : i) (6) nous donne $|K_S| = \Phi^*|(1,0)|$, donc $|K_S|$ n'a pas de partie fixe, ce qui entraîne que S est une surface minimale. On a donc $\varkappa(S) = 1$ à cause de 4.2.

ii) Le théorème 2.2 dit que la section négative C_o dans P est une composante de R. De plus $(R-C_o)C_o = 0$, donc $\Phi^*(C_o)$ est une courbe rationnelle lisse et irréductible dans S avec $|\Phi^*(C_o)|^2 = \frac{1}{2}C_o^2 = -1$, c'est-à-dire une courbe exceptionnelle, S n'est donc pas minimale. Le modèle minimal S' de S a $K_{S'}^2 > K_S^2 = 0$, il est donc de type général parce que $p_g(S') > 0$. CQFD

Remarque. Les surfaces minimales avec $p_g = 2$, $K^2 = 1$ sont les seules surfaces de type général pour lesquelles Φ_{4K} n'est pas birationnelle (Bombieri [1]). Par 4.1 et 4.3, on a établi une bijection entre ces surfaces et les fibrations de genre 2 ayant $p_g = 2$, $q = K^2 = 0$, $e = 2$. On peut démontrer que la famille de ces fibrations est de dimension 28 : en effet, d'après les chapitres 1 et 2, les fibrations en question correspondent bijectivement aux classes des diviseurs réduits $(5,10)$ sans singularité non-négligeable dans la surface rationnelle F_2 modulo l'équivalence fournie par $\mathrm{Aut}(F_2)$ qui est de dimension 7. On a $\chi((5,10)) = 36$, et le théorème d'annulation de Ramanujam [1] donne $H^1((5,1)) = 0$, donc ces diviseurs forment une famille de dimension 35. On constate facilement que le sous-groupe de $\mathrm{Aut}(F_2)$ laissant fixe un $(5,10)$ général est trivial, donc les classes des $(5,10)$ modulo $\mathrm{Aut}(F_2)$ forment une famille de dimension 28.

Proposition 4.4. Soit $f : S \longrightarrow C$ une fibration de genre 2.

i) Si $\kappa(S) = 0$, on a $K^2 = -2$ ou -1.

ii) Si $\kappa(S) = 1$, on a $K^2 = 0$, c'est-à-dire S est minimale, sauf si $p_g = 1$, $q = 0$, $K^2 = -1$, R contient C_o.

Démonstration : i) Soient S' le modèle minimal de S, F' l'image dans S' d'une fibre générale F de la fibration f. La formule d'adjonction donne

$$p_a(F') = \tfrac{1}{2}F'^2 + 1, \tag{20}$$

puisque $K_{S'}F' = 0$. Soient $x_1, \dots, x_m$ les points singuliers de F', n_i l'ordre de singularité de F' sur x_i. Si F'' est l'image d'une autre fibre générale, il est clair que l'intersection de F' et F'' sur le point x_i est au moins n_i^2. Il en résulte que :

$$F'^2 \geqq \sum_{i=1}^{m} n_i^2 = \sum_i n_i(n_i-1) + \sum_i n_i = 2(p_a(F')-2) + \sum_i n_i ,$$

combiné avec (20), on obtient $\sum_i n_i \leqq 2$. Il y a donc au plus un point double sur F', et $p_a(F') \leqq 3$. On a 2 possibilités :

$$\begin{cases} p_a(F') = 2 \ , \ F'^2 = 2 \ , \text{ ce qui donne } K^2 = -2 \ ; \\ p_a(F') = 3 \ , \ F'^2 = 4 \ , \text{ ce qui donne } K^2 = -1 \ . \end{cases}$$

ii) Prenant les notations ci-dessus, il est évident que $K_{S'}F' \geq 1$, donc $p_a(F') \geq \frac{1}{2}(F'^2+3)$, et un argument comme dans la première partie de la démonstration nous dit que $p_a(F') = 2$, donc si S n'est pas minimale, on doit avoir $K_S^2 = -1$, $K_{S'}F' = F'^2 = 1$. Les théorèmes 2.1 et 2.2 donnent alors 2 possibilités : $p_g = 0$ ou 1, $q = 0$.

Si $p_g = 0$, on a $e = 0$. Il y a une unique courbe exceptionnelle E dans S qui est une section de f $(F'^2 = 1)$. L'image de E dans $\hat{P}$ est aussi une section $\hat{E}$ qui doit être une composante fixe du système linéaire $|\hat{M}|$, puisque $2K_SE = -2$ entraîne que E est une composante fixe de $|2K_S|$.

Soit $\alpha : S \longrightarrow S'$ la contraction de E. Parce que $\varkappa(S) = 1$, il y a un $k \in \mathbb{Z}^+$ tel que $|\alpha^* kK_{S'}|$ contienne un pinceau sans point de base Λ. Comme $\hat{\Phi}^*\hat{\Phi}\Lambda$ est un pinceau dans $|\alpha^* 2kK_{S'}|$, l'image de Λ dans $\hat{P}$ est aussi un pinceau sans point de base dont les éléments sont linéairement équivalents à un multiple de $\hat{M}-\hat{E}$ qui est une section. Mais (7) nous donne $\hat{M} \equiv (2,1) - \sum_{i=1}^{6} \delta_i$, donc $\hat{M}-\hat{E}$ est soit un $(1,1)$, soit un $(1,0)$, retiré de quelques (pas moins que 3) δ_i. Puisque $(\hat{M}-\hat{E})^2 < 0$, aucun de ses multiples ne peut bouger dans un pinceau sans point de base, contradiction.

Il reste la possibilité $p_g = 1$, $e = 1$, R ne contient pas C_o. Cette fois-ci la courbe exceptionnelle E est contenue dans $|K_S|$, donc son image dans $\hat{P}$ est contenue dans le L défini par la formule (6). Nous avons $L \equiv (1,0)$, donc $\hat{E} = L = C_o$. Mais $R'C_o = 2$ par les formules vers la fin du §1, donc $\hat{\Phi}^*C_o$ est une 2-section <u>irréductible</u>, ce qui contredit l'hypothèse qu'il y ait une section ρ^*E dans $\hat{\Phi}^*C_o = \hat{\Phi}^*\hat{E}$.

(Inversement, si R contient C_o, alors l'image réciproque E de C_o dans S est une courbe exceptionnelle contenue dans $|K_S|$. Comme $K_SF = 2$, $K_S - E = \alpha^*K_{S'}$ est un diviseur effectif non-trivial, ce qui montre que $\varkappa(S') > 0$, donc $\varkappa(S) = 1$ par 4.1). CQFD

En somme nous avons prouvé le résultat suivant :

Théorème 4.5. (A) Les fibrations $f : S \longrightarrow C$ ayant $K^2 < 0$ sont les suivantes (on a $b = 0$) :

1) $p_g = q = 0$, $K^2 = -4$ ou -3 : S est une surface rationnelle ;

2) $p_g = q = 0$, $K^2 = -2$ ou -1 , $|\hat{M}| = \Phi$: S est une surface rationnelle ;

3) $p_g = q = 0$, $K^2 = -2$ ou -1 , $|\hat{M}| \neq \Phi$: S est une surface d'Enriques ;

4) $p_g = 0$, $q = 1$, $K^2 = -4$ ou -3 : S est réglée sur base elliptique ;

5) $p_g = 1$, $q = 0$, $K^2 = -2$: S est une surface K3 ;

6) $p_g = 1$, $q = 0$, $K^2 = -1$, R ne contient pas C_o : S est une surface K3 ;

7) $p_g = 1$, $q = 0$, $K^2 = -1$, R contient C_o : $\kappa(S) = 1$;

8) $p_g = 0$, $q = 2$, $b = 0$, $K^2 = -8$: $S = \mathbb{P}^1 \times F$.

(B) Celles ayant $K^2 = 0$ sont les suivantes :

1) $p_g \leqq 2$, $q = 0$, $e = 0$ ou 1 : $\kappa(S) = 1$;

2) $p_g = 2$, $q = 0$, $e = 2$: S est la surface de type général de la remarque qui suit la proposition 4.3 ;

3) $\chi = 0$, $b = 1$, f lisse : $\kappa(S) = 1$;

4) $p_g = q = 1$, $e = 2$, $b = 0$: $\kappa(S) = 1$.

Le théorème 2.9 a fourni l'existence des fibrations dans cette liste sauf pour : A4, $K^2 = -3$, qui sont des fibrations $f(E,3)$ du §3 ; A7 ; A8 qui est triviale ; B2 qui est dans la remarque suivant 4.3.

Exemple 4.6. Des fibrations du cas A7 de 4.5.

Dans le plan $\mathbb{P}^2$, prenons une droite D_1 et deux points x_1 et x_2 sur D_1 . Soient D_2 , D_3 deux cubiques qui sont tantentes à D_1 au point x_1 et qui passent par x_2 , et supposons que les autres points singuliers de D_2+D_3 sont des points doubles ordinaires. Soit D_4 une droite générale passant par x_2 . La situation est comme suit :

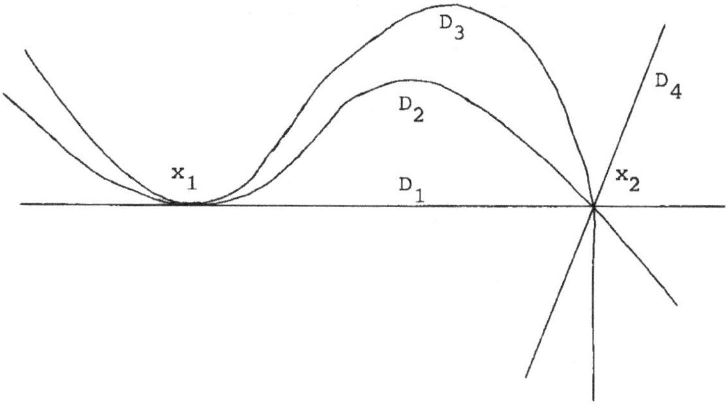

Soit P l'éclatement du point x_1 de la surface $\mathbb{P}^2$. P est une surface réglée avec une section C_o de carré -1 qui est l'image réciproque de x_1 , donc $e(P) = 1$. Soit $R' = C_o + \tilde{D}_1 + \tilde{D}_2 + \tilde{D}_3 + \tilde{D}_4$, où $\tilde{D}_i$ est le transformé strict de D_i ; $R = R' - \tilde{D}_1$. R est un $(6,7)$ avec une paire de points triples, donc par (5), le revêtement double de P ramifié le long de R' est une fibration cherchée.

Nous pouvons aussi construire concrètement les $f(E,3)$:

<u>Exemple</u> 4.7. Les fibrations ayant $p_g = 0$, $q = 1$, $K^2 = -3$.

Dans le plan $\mathbb{P}^2$, regardons la configuration de 6 droites comme suit :

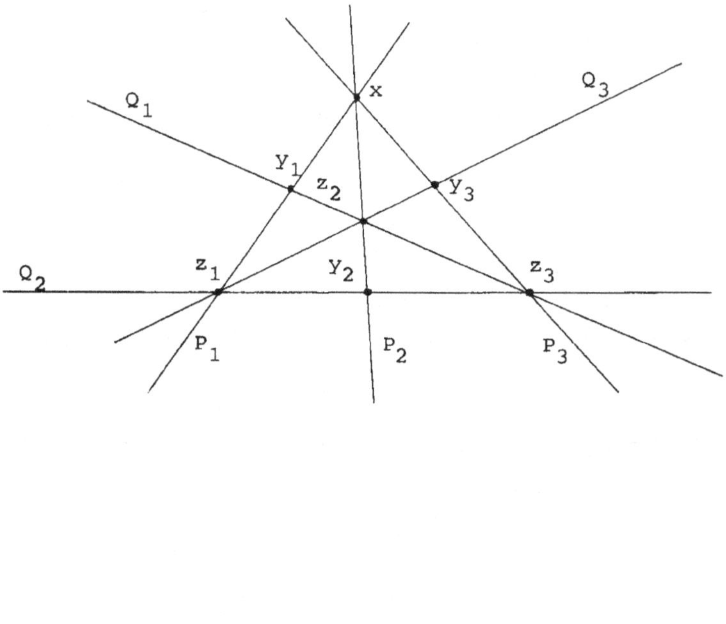

Il y a 3 diviseurs de degré 4 qui passent une fois par x et les z_i, deux fois par les y_i : ce sont la somme de P_1 et Q_1 avec 2 fois la droite contenant y_2 et y_3, et ses symétries combinatoires. Ces 3 diviseurs sont connexes, sans point en commun à part les x, y_i et z_i. Donc d'après Bertini, il existe une courbe irréductible et réduite D de degré 4 dans $\mathbb{P}^2$ qui passe une fois par x et les z_i, deux fois par les y_i. Soient maintenant

$$\gamma : \hat{P} \longrightarrow \mathbb{P}^2$$

l'éclatement des 7 points x, y_i, z_i, $\hat{\underline{R}}$ le transformé strict en $\hat{P}$ de la somme de D et les 6 droites. Le revêtement double de $\hat{P}$ ramifié le long de $\hat{\underline{R}}$ a un pinceau de courbes de genre 2 sans point de base qui est le transformé strict du pinceau de droites en $\mathbb{P}^2$ passant par x. Soit S le modèle relativement minimal de ce revêtement double par rapport à la fibration de genre 2 correspondant à ce pinceau. On a alors $p_g = 0$, $q = 1$, $K^2 = -3$, donc c'est la fibration cherchée.

Remarquons que cette construction dépend du choix du diviseur D qui varie dans un système linéaire de dimension 1, donc la famille des fibrations ainsi construites est de dimension 1. D'autre part, ce sont des fibrations $f(E,3)$, et nous avons montré dans le §3 que les $f(E,3)$ dépendent uniquement du choix de E, donc la famille des $f(E,3)$ est de dimension 1, ce qui veut dire que toutes les $f(E,3)$ peuvent être construites de cette façon.

Nous passons maintenant aux fibrations avec $\chi = 1$, $b = 0$, $K^2 > 0$. D'après le corollaire de 4.1 et 4.2, la surface S dans une telle fibration est minimale de type général.

D'après Beauville [1], nous avons $p_g = q = 0$ ou 1, et (9), 2.1 donnent $e = 2p_g$; 2.2 donne $K^2 \leqq 2+p_g$. De plus, Bombieri [1, lemma 14] dit que le cas $K^2 = p_g = 1$ n'existe pas, donc nous avons 4 possibilités :

$$p_g = q = 0 \ , \ K^2 = 1 \quad \text{ou} \quad 2 \quad ; \quad p_g = q = 1 \ , \ K^2 = 2 \quad \text{ou} \quad 3 \ .$$

Nous connaissons des exemples dans tous ces cas : Oort-Peters [1] donnent un exemple pour $p_g = 0$, $K^2 = 1$; Xiao [1] donne $p_g = 0$, $K^2 = 2$; tandis que les cas $p_g = 1$ sont respectivement dans les corollaires 3 et 4 du théorème 3.13, ce qui dit que les fibrations avec $p_g = 1$, $K^2 = 2$ sont des pull-backs des changements de base de degré 2 faites sur les fibrations de 4.7, et que celles avec $K^2 = 3$ sont des $f(E,4)$.

Lemme 4.8. Dans le cas $p_g = q = 1$, $K^2 = 2$, l'application d'Albanese de S est une fibration de genre 2 dont une fibre générale coupe une fibre générale de la première fibration par 3.

Démonstration : Soit

$$\begin{array}{ccc} S & \longrightarrow & S' \\ f\downarrow & & \downarrow f' \\ \mathbb{P}^1 \cong C & \longrightarrow & C' \cong \mathbb{P}^1 \end{array}$$

le diagramme cartésien tel que f soit la fibration en question, f' une fibration construite dans 4.7.

Nous avons un pinceau dans la surface rationnelle P' correspondant à f', qui est formé des diviseurs de classe $(3,4)$ passant une fois par les z_i , et deux fois par les y_i . L'image réciproque dans S' de ce pinceau est un pinceau de courbes rationnelles. C'est donc le pinceau associé à l'application d'Albanese de S', car S' est réglée à base elliptique d'après 4.5. Par construction, l'image réciproque de ce pinceau dans S est un pinceau de courbes de genre 2, à base elliptique. Il est évident que les deux pinceaux de courbes de genre 2 sur S se coupent par 3. CQFD

Proposition 4.9. Dans le cas $K^2 = 2$, $|2K_S|$ est sans point de base ni partie fixe.

Démonstration : Nous supposons $p_g = 0$, car le cas $p_g = 1$, est entièrement identique, sauf un petit changement évident des classes des diviseurs.

Il suffit de montrer que dans la surface $\hat{P}$, le système $|\hat{M}|$ est sans point de base ni partie fixe. Nous avons

$$\hat{M} \equiv (2,4) - \sum_{i=1}^{12} \delta_i \quad , \quad \hat{R} \equiv (6,8) - 3\sum_{i=1}^{12} \delta_i \ .$$

Soit $\mu : \hat{P} \dashrightarrow \mathbb{P}^2$ l'application définie par $|\hat{M}|$, comme dans la fin du §1. Nous démontrons d'abord que $h^0(\hat{M}-F) = 0$, où F est une fibre de $\hat{P}$. Par conséquent $\mu(F)$ est une conique.

En effet, si $D \in |\hat{M}-F|$, D est linéairement équivalent à $(2,3) - \sum \delta_i$. Comme $D\hat{R} = -2$, D et $\hat{R}$ doivent avoir une composante commune D_1 . Par la définition de $\hat{R}$, nous pouvons supposer que D_1 n'est pas contenu dans une fibre, donc il est une section ou une

2-section. S'il est une 2-section, on a $D_1 \equiv (2,k) - \sum_{i=1}^{12} \mathcal{E}_i$ pour $k \leqq 3$, parce que D_1 est dans $\hat{R}$. Mais alors $D_1(\hat{R}-D_1) < 0$, ce qui contredit le fait que $\hat{R}$ est réduit. Le même calcul montre que si D_1 est une section, il est linéairement équivalent à un $(1,k)$ moins six $\mathcal{E}_i$, où $k \geqq 1$. Mais alors $(D-D_1)(\hat{R}-D_1) < 0$, qui dit que D a une autre section dans $\hat{R}$, ce qui nous ramène au cas où D_1 est une 2-section.

Maintenant parce que $\hat{M}F = 2$ pour toute fibre F, nous voyons que la partie fixe Z de $|\hat{M}|$ est contenue dans des fibres de $\hat{P}$, et que la partie mobile $|N|$ n'a point de base sur aucune fibre, donc $|N|$ n'a pas de point de base. Il suffit donc de montrer que Z est nul.

En effet, si $Z \neq 0$, on peut écrire une partie Z_1 de Z en $Z_1 = F'-\mathcal{E}_\ell-\mathcal{E}_k$, où $\mathcal{E}_\ell$ et $\mathcal{E}_k$ sont sur F'. Nous avons $\hat{M}-Z_1 \equiv (2,3) - \sum_{i\neq \ell,k} \mathcal{E}_i$. Comme $h^0(\hat{M}-Z_1) = h^0(\hat{M}) = 3$, il est clair que $|(\hat{M}-Z_1)-\mathcal{E}_\ell-\mathcal{E}_k|$ n'est pas vide, ce qui contredit le fait démontré ci-dessus que $h^0(\hat{M}-F) = 0$. CQFD

<u>Proposition</u> 4.10. Dans le cas $K^2 = 3$, $|2K_S|$ n'a ni point de base ni partie fixe.

<u>Démonstration</u> : Nous avons

$$\hat{M} \equiv (2,7) - \sum_{i=1}^{14} \mathcal{E}_i \quad , \quad \hat{R} \equiv (6,15) - 3\sum_{i=1}^{14} \mathcal{E}_i \ .$$

Par la remarque 2.4,i, les fibres singulières de la surface $\hat{P}$ sont de type A. Nous allons déterminer la structure de $\hat{R}$. D'abord, $\hat{R}$ n'a pas de composante verticale (des composantes contenues dans des fibres) : par définition, une telle composante est une fibre lisse de $\hat{P}$ (voir le §1). Soit $\hat{R}'$ la partie de $\hat{R}$ composée de composantes non-verticales. Si $\hat{R}' \neq \hat{R}$, la formule d'adjonction donne $p_a(\hat{R}') \leqq -7$, c'est-à-dire $\hat{R}'$ a au moins 8 composantes, ce qui n'est pas possible.

Maintenant $p_a(\hat{R}) = -2$, donc $\hat{R}$ a au moins 3 composantes. Nous écrivons $\hat{R} = R_1+R_2+R_3$. Montrons que $\hat{R}$ ne contient pas de section, donc les R_j sont toutes des 2-sections irréductibles : en effet, si R_1 est une section, elle est une $(1,k)$ moins sept $\mathcal{E}_i$. La condition $R_1(R_2+R_3) \geqq 0$ donne $k \geqq 3$, ce qui implique que $p_a(R_2+R_3) \leqq -5$, mais R_2+R_3 a au plus 5 composantes, ceci n'est donc pas possible.

Nous pouvons écrire

$$R_j \equiv (2,k_j) - \sum_{i=1}^{14} a_{i,j}\mathscr{E}_i \quad , \quad j=1,2,3 \ ,$$

où $a_{i,j}=0$, 1 ou 2 . D'après le §1, les diviseurs $\mathscr{E}_i$ sont en paires. Pour une telle paire $\mathscr{E}_i$, $\mathscr{E}_{i+1}$, nous avons $a_{ij}+a_{i+1,j}=2$. Nous avons aussi $k_j=5$ pour tout j : sinon nous pouvons supposer $k_1 < 5$, donc la condition $R_1(R_2+R_3) \geqq 0$ dit qu'il y a au moins 3 indices i tels que $a_{i,1}=2$, mais alors $p_a(R_1) \leqq -2$, impossible.

De la même façon, nous avons pour chaque j deux indices i tels que $a_{i,j}=2$. Nous en déduisons facilement qu'il y a 3 fibres F_1 , F_2 , F_3 dans $\hat{P}$, avec $s_{F_1}=s_{F_2}=s_{F_3}=1$, et deux diviseurs $\mathscr{E}_i$, $\mathscr{E}_{3+i}$ sur chaque F_i , tels que

$$a_{2,1} = a_{6,1} = a_{3,2} = a_{4,2} = a_{1,3} = a_{5,3} = 2 \ ,$$

$$a_{5,1} = a_{3,1} = a_{6,2} = a_{1,2} = a_{4,3} = a_{2,3} = 0 \ .$$

Pour toutes les autres paires (i,j), $a_{i,j}=1$. De plus, les composantes R_1 , R_2 , R_3 ne s'intersectent pas : $R_1R_2 = R_1R_3 = R_2R_3 = 0$.

Maintenant nous avons 3 diviseurs dans $|\hat{M}|$:

$$D_1 = R_1 + \hat{F}_2 + \hat{F}_3 + 2\mathscr{E}_2 + 2\mathscr{E}_6 \ ;$$

$$D_2 = R_2 + \hat{F}_1 + \hat{F}_3 + 2\mathscr{E}_3 + 2\mathscr{E}_4 \ ;$$

$$D_3 = R_3 + \hat{F}_1 + \hat{F}_2 + 2\mathscr{E}_1 + 2\mathscr{E}_5 \ .$$

Comme $D_1 \cap D_2 \cap D_3 = \Phi$, $|\hat{M}|$ n'a pas de point de base. CQFD

Nous finissons ce chapitre par une nouvelle surface de type général avec $p_g=q=0$, $K^2=2$.

<u>Exemple</u> 4.11. Une surface S fibrée en courbes de genre deux avec $p_g(S)=q(S)=0$, $K_S^2=2$, $Tor(S) \cong \mathbb{Z}_3 \oplus \mathbb{Z}_3$.

Nous prenons la construction de la fibration $f : S \longrightarrow C$ précédant la proposition 3.19, en posant $d=3$, $d_1=d_2=1$. Alors la proposition 3.19 donne $p_g(S)=q(S)=g(C)=0$, $K_S^2=2$.

D'après Beauville [3], Tor(S) est un groupe fini d'ordre au plus 10. Il nous suffit donc de montrer que Tor(S), ou $H_1(S,\mathbb{Z})$, a un quotient isomorphe à $\mathbb{Z}_3 \oplus \mathbb{Z}_3$.

En effet, on a un faisceau $R_1f_*\mathbb{Z}$ sur C qui, par définition, à tout ouvert affine U de C associe $H_1(f^*U,\mathbb{Z})$. Maintenant f est semi-stable, en particulier sans fibre multiple, ce qui entraîne par le théorème de Van Kampen une suite exacte

$$\pi_1^{top}(F) \longrightarrow \pi_1^{top}(S) \longrightarrow \pi_1^{top}(C) \longrightarrow 0 \ ,$$

où F est une fibre générale de f ; de plus C est rationnelle par 3.19, donc $\pi_1(C) = \{1\}$, par conséquent $\pi_1(S)$ est un quotient de $\pi_1(F)$. En regardant les parties abéliennes de $\pi_1(S)$ et de $\pi_1(F)$, on constate que $H_1(S,\mathbb{Z})$ est égal au plus grand quotient constant de R_1f_*Z .

Soient C' l'ouvert de C au-dessus duquel les fibres de f ont des jacobiennes propres, $f' : S' \longrightarrow C'$ la restriction de f sur C', $j' : J' \longrightarrow C'$ la fibration en jacobiennes associée à f'. On a un isomorphisme canonique

$$\rho : R_1j'_*\mathbb{Z} \longrightarrow R_1f'_*\mathbb{Z} \ ,$$

qui nous permet d'écrire un ensemble de générateurs de $H_1(F,\mathbb{Z})$ en $\rho(\{(1,0),(z_1,0),(0,1),(0,z_2),\frac{1}{3}(1,z_2),\frac{1}{3}(z_1,1)\})$, pour un certain choix de z_1 et z_2 dans le demi-plan de Poincaré. On constate tout de suite que le sous-groupe N_F de $H_1(F,\mathbb{Z})$ engendré par l'image de l'ensemble $\{(1,0),(z_1,0),(0,1),(0,z_2)\}$ ne dépend pas des choix de z_1 et z_2 , de sorte que l'on a un sous-faisceau N de $R_1f'_*\mathbb{Z}$, qui restreint à une fibre F est le sous-groupe N_F . Maintenant en regardant l'action de $\Gamma(3)\times\Gamma(3)$ sur $R_1\tilde{j}_*\mathbb{Z}$ induite par son action sur $\tilde{\mathcal{J}}$ décrite avant 3.19, on constate facilement que le quotient $G = R_1f'_*\mathbb{Z}/N$ est un faisceau constant sur C' isomorphe à $\mathbb{Z}_3 \oplus \mathbb{Z}_3$. Ensuite une analyse de la monodromie de f sur les pointes révèle que G se prolonge en un quotient constant de $R_1f_*\mathbb{Z}$, d'où $H_1(S,\mathbb{Z})$ est au moins $\mathbb{Z}_3 \oplus \mathbb{Z}_3$.

§5. APPLICATIONS CANONIQUES ET BICANONIQUES

Nous étudions dans ce chapitre les applications canoniques et bicanoniques de la surface S dans une fibration de genre 2

$$f : S \longrightarrow C ,$$

S étant supposée de type général, relativement minimale par rapport à f . Nous regardons d'abord le cas où l'application canonique Φ_K de S a pour image une courbe.

<u>Théorème</u> 5.1. Soit $f : S \longrightarrow C$ une fibration de genre 2.

i) Supposons $p_g \geqq 3$. Alors si $\mathrm{Im}_{\Phi_K}(S)$ est une courbe, Φ_K se factorise par f .

ii) Si $p_g \geqq 2$, alors Φ_K se factorise par f si et seulement si $e \geqq p_g$.

<u>Démonstration</u> : i) Supposons que $|K_S|$ soit composé d'un pinceau horizontal, nous devons démontrer que $p_g \leqq 2$. Mais d'après la description de K_S dans la fin du §1, la partie mobile de $|K_S|$ est l'image réciproque d'un pinceau $|L|$ dans P , où un membre général L est une section de P sur C , donc irréductible, ce qui signifie que

$$p_g = \dim|L|+1 = 2 .$$

ii) La suite spectrale de Leray nous donne

$$\chi = \chi(\omega_S) = \chi(f_*\omega_S) - \chi(\omega_C) ,$$

donc par Riemann-Roch sur C ,

$$\deg(f_*\omega_S) = \chi + 3(b-1) . \tag{21}$$

Supposons d'abord que $e \geqq p_g$. Soit

$$0 \longrightarrow E_1 \longrightarrow f_*\omega_S \longrightarrow E_2 \longrightarrow 0$$

la filtration de $f_*\omega_S$ comme dans la définition de e qui suit 1.1. La condition $e \geqq p_g$ et la congruence (9) nous donnent alors

$$\deg(E_1) \geqq p_g+b-1 ,$$

donc $h^o(E_1) \geqq p_g$ par Riemann-Roch. Mais on a aussi

$$p_g = h^o(\omega_S) = h^o(f_*\omega_S) \geqq h^o(E_1) ,$$

donc il y a égalité partout, en particulier $h^o(f_*\omega_S) = h^o(E_1)$, ce qui veut dire que $|K_S|$ est composé du pinceau vertical.

Inversement, la condition que $|K_S|$ soit composé du pinceau vertical donne une filtration

$$(22) \qquad 0 \longrightarrow E' \longrightarrow f_*\omega_S \longrightarrow E'' \longrightarrow 0$$

telle que $h^o(f_*\omega_S) = h^o(E')$: on peut prendre pour E' le sous-fibré de $f_*\omega_S$ engendré par les sections globales. Si E' est un faisceau non-spécial (c'est-à-dire $h^1(E') = 0$), alors $\deg(E') = p_g+b-1$, donc (21) donne $\deg(E'') \leqq b-1$, d'où $e \geqq p_g$.

Il reste à trouver une contradiction sous la condition que E' soit spécial. Mais dans ce cas on doit avoir $2 \leqq p_g = h^o(E') \leqq b$, donc compte tenu de (2) et (21), la seule possibilité est que

$$p_g = b = q = \deg(E') = \deg(E'') = 2 ,$$

et f lisse, $e = 0$. Ensuite la proposition 2.12, i dit que la filtration (22) est scindée, donc $h^o(f_*\omega_S) = h^o(E') + h^o(E'') > h^o(E')$, contradiction avec notre hypothèse. CQFD

Compte tenu des théorèmes 2.1 et 2.2, nous avons le corollaire suivant.

<u>Corollaire</u> 1. Soit S une surface minimale de type général avec $p_g \geqq 3$, telle que son système canonique soit un pinceau de courbes de genre 2, et soit $f : S \longrightarrow C$ la fibration correspondante. Alors on est dans l'une des situations suivantes :

i) $q = b = 0$, $e = p_g$, $4p_g-6 \leqq K^2 \leqq 6p_g+2$;

ii) $b = 0$, $q = 1$, $e = p_g+1$, $4p_g-4 \leqq K^2 \leqq 6p_g-3$;

iii) $q = b = 1$, $e = p_g$, $4p_g \leqq K^2 \leqq 6p_g$.

Le corollaire 3 du théorème 3.13 et la proposition 3.15 donnent alors :

Corollaire 2. I) Il existe une surface du cas ii) du corollaire 1 avec p_g et K^2 comme invariants numériques si et seulement si $K^2 = 4p_g-4$, $5p_g-3$, $5.5p_g-2.5$ ou $5.8p_g-2.2$.

II) Il existe des surfaces du cas iii) du corollaire 1 avec $K^2 = 4p_g$, $5p_g$, $5.5p_g$, $5.8p_g$ ou $6p_g$.

Tandis que les exemples pour le cas i) sont plus nombreux :

Corollaire 3. Soient $p_g \geqq 2$, $K^2 \geqq 4p_g-6$.

I) Si $K^2 \leqq 4p_g$, il existe une surface du cas i) du corollaire 1 ayant p_g et K^2 comme invariants numériques.

II) Il existe des surfaces du cas i) du corollaire 1 avec

$$K^2 = \lambda p_g-4\ ,\ \lambda p_g-5 \quad \text{ou} \quad \lambda p_g-6\ ,$$

où $\lambda = 4, 5, 5.5$ ou 5.8.

Démonstration : I) est direct du théorème 2.9, et pour II), il suffit de prendre une modification élémentaire $m(a,b)$ d'une surface dans le cas I) du corollaire 2 telle que $a+b=2$. CQFD

Dans le cas où Φ_K est génériquement finie, la situation est assez compliquée, ce qui fait que nous n'avons qu'un résultat très partiel.

Proposition 5.2. Soit $f: S \longrightarrow C$ une fibration de genre 2 telle que l'application canonique Φ_K de S soit génériquement finie. Alors $\deg \Phi_K \equiv 0 \pmod 2$, et :

i) $\deg \Phi_K \leqq 10$, avec égalité seulement si $p_g = 3$, $b=2$, $e=-1$;

ii) si $\chi \geqq 4$, $\deg \Phi_K \leqq 4$;

iii) si $\deg \Phi_K = 4$, alors $p_g \leqq 2b+2$, $|e| \leqq 2$, l'image de Φ_K est une surface rationnelle ou une surface réglée sur base elliptique.

Démonstration : Nous avons une factorisation de Φ_K :

$$S \overset{\Phi}{\dashrightarrow} P \overset{\Phi_L}{\dashrightarrow} \mathbb{P}^{p_g-1}\ ,$$

où L est défini par (6), donc $\deg \Phi_K = 2\deg \Phi_L \equiv 0 \pmod 2$. Soient $r = \deg \Phi_L$, X l'image de Φ_L dans $\mathbb{P}^{p_g-1}$, $d = \deg X$. X est une surface réglée en droites sur une courbe C' de genre a. D'après Beauville [4, exercice VI.2], on a $d \geqq p_g+a-2$, donc

$$(23) \qquad r(p_g+a-2) \leqq rd = L^2-k$$
$$= \chi+3(b-1)-k \qquad \text{(par (6))}$$
$$\leqq p_g+2(b-1)-k \qquad \text{(parce que } q \geqq b)$$
$$\leqq 2p_g-k \qquad \text{(par (2))}$$

où k égale le nombre de points de base du système linéaire $|L|$.

i) Quand $p_g \geqq 4$, (23) nous donne

$$r \leqq \frac{2p_g}{p_g-2} = 2+\frac{4}{p_g-2} \leqq 4 .$$

Quand $p_g = 3$, (23) devient $r \leqq 2b+1-(q-b) \leqq 5$ (remarquons que par (2), $p_g \geqq 2b-2$), avec égalité seulement si $b=q=2$. Dans ce cas 2.1 dit que $e=1$ ou -1 , il suffit donc d'exclure le cas $r=5$, $e=1$. Regardons pour cela le système linéaire $|L-C_o|$, où C_o est la section à carré négatif dans P . Les diviseurs dans $|L-C_o|$ sont composés de 3 fibres de P sur C , par (6). Par conséquent Riemann-Roch montre que $\dim|L-C_o| = 1$, ce qui veut dire que si F est une fibre générale dans P , alors birationnellement, $\Phi_L^*\Phi_L(F)$ est au plus 3 fibres. Comme Φ_L restreint à une fibre générale est un isomorphisme, on obtient $r \leqq 3$ dans ce cas, i) est donc démontré.

ii) Compte tenu du fait que $p_g \geqq \chi+b-1$, la première moitié de (23) nous donne $r(\chi+b-3) \leqq \chi+3b-3$, ou

$$r \leqq 2+\frac{3+b-\chi}{\chi+b-3} .$$

Quand $\chi \geqq 4$, on a $3+b-\chi < \chi+b-3$, donc $r < 3$.

iii) Etant trivialement vrai dans le cas où $p_g = 3$, on peut supposer $p_g \geqq 4$. Soit P' la surface déduite de P par une série de k transformations élémentaires, telle que si L' est le transformé strict de L dans P', alors $|L'|$ n'a pas de point de base. L'image de toute fibre de P' par $\Phi_{L'}$ est alors une droite contenue dans X . Soit X' la désingularisation minimale de X . On a un diagramme commutatif comme suit :

$$\begin{array}{ccc} P' & \xrightarrow{\Phi'} & X' \\ \downarrow & & \downarrow \\ C & \xrightarrow{\nu} & C' \end{array}$$

où Φ' est un morphisme induit par $\Phi_{L'}$, $r = \deg \Phi' = \deg \nu$. En effet, le seul point qui n'est pas évident ici est que $\Phi'^*\Phi'(F)$ est une somme de fibres, où F est une fibre générale de P'. Mais puisque $\Phi_{L'}(F)$ est une droite dans $\mathbb{P}^{p_g-1}$, il y a un pinceau d'hyperplans contenant $\Phi_{L'}(F)$, donc un pinceau dans $|L'-F|$. $\Phi'^{*}\Phi'(F)$ est évidemment contenu dans la partie fixe de $|L'-F|$. Maintenant si cette partie fixe n'est pas composée de fibres, la partie mobile de $|L'-F|$ est composée de fibres, ce qui implique directement le diagramme commutatif ci-dessus.

Supposons $r=2$. (23) nous donne $p_g-4 \leqq 2b-2$, d'où $p_g \leqq 2b+2$. Montrons que $a = g(C') \leqq 1$, et que $a=1$ seulement si f est lisse, $k=0$. Pour cela nous avons besoin d'un lemme :

<u>Lemme</u> 5.3. Soient X' une surface lisse et réglée, $e(X')$ son invariant, $q(X')=a$, L'' une section de X' telle que

$$(L'')^2 > 4a-4+e(X') .$$

Alors $h^0(\mathcal{O}_{X'}(L'')) = (L'')^2-2a+2$, $h^1(\mathcal{O}_{X'}(L'')) = 0$.

En particulier, si une surface X de degré d dans P^d n'est pas rationnelle, X est un cône sur base elliptique.

<u>Démonstration</u> : Soit $f' : X' \longrightarrow C$ le réglage. On peut évidemment supposer X' relativement minimale. L'image directe $E = f'_*\mathcal{O}_{X'}(L'')$ est un fibré vectoriel de rang 2 sur C, $X' = \mathrm{Proj}(E)$, $\deg(E) = (L'')^2$, $h^i(E) = h^i(L'')$, $i=1,0$. Soit

$$0 \longrightarrow E_1 \longrightarrow E \longrightarrow E_2 \longrightarrow 0$$

une filtration de E telle que $\deg(E_2)$ soit minimal. Par hypothèse, $\deg(E_2) > 2a-2 = 2g(C)-2$, il en résulte par dualité que $H^1(E)=0$, le reste par Riemann-Roch.

Regardons la surface $X \subset \mathbb{P}^d$. Beauville [4, exercice VI.2] dit que X est réglée en droites à base elliptique. Soit X' la désingularisation minimale de X. Alors le morphisme $X' \xrightarrow{\theta} \mathbb{P}^d$ est défini par un système linéaire $|L''|$ dans X', où L'' est une section avec $(L'')^2 = h^0(L'')-1 = d$. Il s'ensuit que $0 < (L'')^2 \leqq e(X')$. Comme on a toujours $(L'')^2 \geqq e(X')$, on a égalité $(L'')^2 = e(X')$, ce qui veut dire que si C_0 est la section négative de X', $L''C_0 = 0$, autrement dit θ contracte C_0. CQFD

Remarquons aussi que l'image dans C du diviseur $L-C_0$ dans P est un diviseur D, avec

(24) $$\deg D = \tfrac{1}{2}(\chi+e+3(b-1)) \ , \qquad (\text{par } (6))$$

et que l'application $\Phi_D : C \longrightarrow \mathbb{P}^{\dim|D|}$ se factorise par ν :

$$C \xrightarrow{\nu} C' \longrightarrow \mathbb{P}^{\dim|D|} \ .$$

Supposons maintenant que $a \geq 1$, alors Φ_D n'est pas un plongement, et elle n'est pas factorisée par un revêtement hyperelliptique, donc $\deg D \leq 2b-2$, ce qui donne $e \leq 0$. D'autre part, (23) nous dit que $k \leq 1$ sauf si $a=1$, $k=2$, et dans ce cas on a égalité partout dans (23), donc $p_g = 2b-2$. De même, par (23), on a $a \leq 2$, avec égalité seulement si $k=0$, $p_g = 2b-2$, et dans ce cas on doit avoir $\deg D < 2b-2$, donc $e < 0$ par (24). Par définition, on a $|e(P')-e| \leq k$, où $e(P')$ est l'invariant de P', ce qui donne $e(P') \leq 2$ si $a=1$, $e(P') < 0$ si $a=2$. De plus, comme Φ' est le pull-back de ν , on a $e(P') \geq 2e(X')$, ce qui donne $e(X') \leq 1$ si $a=1$, et $e(X') < 0$ si $a=2$. Puisque $d \geq p_g+a-2$ par Beauville [4, exercice VI.2], on peut appliquer le lemme 5.3 à l'image L'' de L' dans X' pour dire que $d = (L'')^2 = p_g+2a-2$ (notons que $|L''|$ n'a pas de point de base), donc (23) devient

$$r(p_g+2a-2) \leq p_g+2b-2-k \leq 2p_g-k \ ,$$

ce qui montre tout ce que nous voulons parce que $e(P') \geq 2e(X') \geq -2$.

Il reste le cas $a=0$. Dans ce cas ν est un revêtement hyperelliptique, donc $\deg D \leq 2b$, ce qui donne $(\chi-b+1)+e \leq 4$, et le théorème 2.1 montre tout de suite $e \leq 2$. D'autre part, (23) donne $k \leq 4$, donc

$$e = e(P) \geq e(P')-4 \geq 2e(X')-4 \geq -2$$

quand $e(X') \geq 1$. Quand $e(X')=0$, X' est trivialement réglée sur C', donc P' est trivialement réglée sur C , ce qui implique que si une surface P'' est obtenue de P' par une transformation élémentaire, on a $e(P'')=1$, par conséquent on a aussi $e \geq e(P'')-3 = -2$ dans ce cas.

CQFD

Le point iii) de la proposition veut dire que pour "la plupart" des fibrations de genre 2, on a $\deg \Phi_K = 2$.

<u>Proposition</u> 5.4. Soit $f : S \longrightarrow \mathbb{P}^1$ une fibration de genre 2 avec $p_g \geq 3$. Alors :

i) Φ_K se factorise par f si et seulement si $e=p_g$ ou p_g+1 ;

ii) deg $\Phi_K=2$, l'image de Φ_K est un cône si et seulement si $e=p_g-2$;

iii) l'application induite $\Phi_L : P \longrightarrow \mathbb{P}^{p_g-1}$ est un plongement si et seulement si $e \leqq p_g-4$.

<u>Démonstration</u> : i) est déjà démontré (5.1).

Maintenant comme $b=0$, (23) dit que $r=1$, $k=0$, $d=p_g-2$, donc soit Φ_L est un plongement (dans le cas où l'image de Φ_K est lisse), soit Φ_L contracte une section, dans ce cas l'image de Φ_K est un cône. Comme $k=0$, une section C' est contractée par Φ_L si et seulement si $LC'=0$. Soit $C' \equiv (1,m)$, alors $LC' = m-1+\frac{1}{2}(p_g-e) \geqq 0$ par (6), avec égalité si et seulement si $m=0$ (donc $C'=C_0$), $p_g-e=2$, d'où les points ii) et iii) de la proposition. CQFD

Nous passons à l'application bicanonique.

<u>Théorème</u> 5.5. Soit S' une surface minimale de type général ayant un pinceau de courbes de genre 2, et supposons que $p_2(S') \geqq 3$. Alors $|2K_{S'}|$ n'a ni partie fixe ni point de base.

<u>Démonstration</u> : Regardons d'abord le cas où le pinceau a un point de base x , donc par 4.1, $p_g(S')=2$, $K^2_{S'}=1$, et $|K_{S'}|$ n'a qu'un seul point de base x . Soit F un diviseur général dans $|K_{S'}|$, F est alors une courbe lisse de genre 2. D'après Xiao [1, théorème 1], l'image de F par Φ_{2K} est une courbe. Mais $2K\cdot F=2$, donc $|2K_{S'}|$ ne peut pas avoir de point de base sur F , en particulier x n'est pas un point de base de $|2K_{S'}|$, ce qui entraîne que $|2K_{S'}|$ n'a pas de point de base.

Maintenant on peut supposer que le pinceau n'a pas de point de base, donc la surface $S=S'$ a une fibration de genre 2

$$f : S \longrightarrow C$$

comme d'habitude. Nous supposons en plus $\chi+b \geqq 2$, car le cas $\chi=1$, $b=0$ est déjà montré par 4.9 et 4.10.

Soit le diagramme commutatif

$$\begin{array}{ccc} \tilde{S} & \xrightarrow{\;\hat{\Phi}\;} & \hat{P} \\ \rho\downarrow & & \downarrow\psi \\ S & \overset{\Phi}{\dashrightarrow} & P \end{array}$$

comme dans le §1, $|\rho^*2K_S| = \hat{\Phi}^*|\hat{M}|$. Nous pouvons écrire $\hat{M} \equiv \psi^*2L+\Delta$, où L est défini par (6), les composantes de Δ sont des droites à carré -2 contenues dans des fibres F' telles que $s_{F'} \geqq 2$.

Nous allons montrer en 3 étapes que $|\hat{M}|$ n'a pas de point de base, ce qui démontrera le théorème :

i) $|\hat{M}|$ n'a pas de point de base en dehors de ψ^*C_o et Δ ;

ii) $|\hat{M}|$ n'a pas de point de base sur ψ^*C_o ;

iii) $|\hat{M}|$ n'a pas de point de base sur Δ .

i) Il suffit de montrer que $|2L-C_o|$ n'a pas de point de base sur $P-C_o$. Soit $x \notin C_o$ un point dans P , P' la transformation élémentaire de P au centre x , N le transformé strict de $2L-C_o$ dans P'. Il suffit de montrer $H^1(N)=0$, car alors Riemann-Roch donne $h^o(N) \leqq h^o(2L-C_o)-1$, ce qui veut dire que x n'est pas contenu dans le lieu fixe de $|2L-C_o|$.

Nous avons $e(P') = e(P)+1$ si et seulement si il y a une section C dans P avec $C^2=-e(P)$, qui passe par x . Comme nous pouvons prendre une telle section pour C_o , nous pouvons supposer $e(P')=e-1$.

Par (6), on a

$$\begin{aligned} N^2 = (2L-C_o)^2-1 &= (1,\chi+3(b-1)+e)^2-1 \\ &= e+2\chi+6(b-1)-1 \\ &= e(P')+2\chi+6(b-1) . \end{aligned}$$

Puisque nous supposons $\chi+b \geqq 2$, nous avons

$$N^2 > 4b-4+e(P') ,$$

donc le lemme 5.3 donne $H^1(N)=0$.

ii) Nous montrons d'abord que $H^1(\mathcal{O}_{\hat{P}}(\hat{M}-\psi^*C_o))$ est nul : par Riemann-Roch, nous avons

$$\begin{aligned} \chi(\mathcal{O}_{\hat{P}}(\hat{M}-\psi^*C_o)) &= \chi(\mathcal{O}_P(M-C_o))-2s \\ &= 2\chi+4(b-1)+e \qquad \text{(par (7) et (5'))} \\ &= \chi(\mathcal{O}_P(2L-C_o)) \qquad \text{(par (6))}. \end{aligned}$$

D'autre part, on voit facilement que le diviseur Δ est contenu dans la partie fixe de $|\hat{M}-\psi^*C_o|$, donc $h^o(\hat{M}-\psi^*C_o) = h^o(2L-C_o)$, ce qui entraîne l'égalité de $h^1(\hat{M}-\psi^*C_o)$ et $h^1(2L-C_o)$, parce que les H^2 des deux faisceaux sont nuls. Il revient donc au même de démontrer $H^1(2L-C_o)=0$. Mais comme dans le pas i), ceci découle immédiatement du lemme 5.3 : on a $(2L-C_o)^2 = e+2\chi+6(b-1)$ par (6), donc l'hypothèse $\chi+b \geq 2$ donne

$$(2L-C_o)^2 > 4(b-1)+e .$$

Maintenant que nous avons $H^1(\hat{M}-\psi^*C_o)=0$, il y a une surjection

$$H^o_{\hat{P}}(\hat{M}) \twoheadrightarrow H^o_{\psi^*C_o}(\hat{M}|_{\psi^*C_o}) ,$$

donc pour la démonstration de la partie ii), il suffit de montrer que $|\hat{M}|_{\psi^*C_o}|$ n'a pas de point de base. Mais ψ^*C_o est un diviseur à croisements normaux, dont la configuration est un arbre, donc il nous suffit de montrer que $|\hat{M}|_E|$ n'a pas de point de base pour chaque composante E de ψ^*C_o , ce qui est clair sauf pour $E=\hat{C}_o$, le transformé strict de C_o .

Supposons donc $E=\hat{C}_o$. Nous avons évidemment

$$\deg \hat{M}|_E \geq \deg 2L|_E = \chi+3(b-1)-e ,$$

le dernier terme étant supérieur ou égal à $2b = 2g(E)$, donc $|\hat{M}|_E|$ n'a pas de point de base, sauf si $e \geq \chi+b-1$, compte tenu de la congruence (9). Vu le théorème 2.1, nous avons 2 exceptions dans ce cas : soit $b=0$, soit $b=1$, $e=\chi$.

Notons maintenant par D le transformé strict de E dans S . Par la construction de $\hat{P}$, il est facile de voir que $K_SD \leq \hat{M}E$, il suffit donc de montrer l'inégalité $K_SD \geq 2b$ pour les 2 cas d'exception ci-dessus. Ceci est clair quand $b=0$, puisque S est minimale de type général, donc $K_SD \geq 0$ pour tout diviseur D . Quand $b=1$, nous avons $g(D) \geq 1$, donc $K_SD \geq 1$. De plus si $K_SD=1$, la formule d'adjonction montre $D^2 \geq -1$, ce qui donne $K(D+F)=3$, $(D+F)^2 \geq 3$, où F est une fibre dans S . Maintenant le théorème de l'index implique une inégalité

$$K^2.(D+F)^2 \leq [K_S(D+F)]^2 ,$$

ce qui entraîne dans notre cas $K^2 \leq 3$. D'autre part le théorème 2.2 dit que dans ce cas $K^2 \geq 4$, cette contradiction montre $\hat{M}E \geq 2$, ce qui achève la démonstration de l'étape ii).

iii) D'après la description des fibres singulières dans le chapitre 1, nous savons que si F' est une fibre dans $\hat{P}$ telle que $\Delta|_{F'}$ n'est pas nul, $\Delta|_{F'}$ est une partie connexe de Δ contenant $\hat{F}'$. Puisque $\hat{M}E = 0$ pour toute composante E de $\Delta|_{F'}$, si un diviseur D dans $|\hat{M}|$ contient un point de $\Delta|_{F'}$, D doit contenir $\Delta|_{F'}$ tout entier, en particulier $\hat{F}'$. Mais $\hat{F}'.\psi^* C_o = F' C_o = 1$, donc il y a un unique point d'intersection $x = \hat{F}'\psi^* C_o$ qui sera contenu dans D. Par ii), x n'est pas un point de base de $|\hat{M}|$, ce qui exclut la possibilité pour $|\hat{M}|$ d'avoir un point de base dans Δ. CQFD

Signalons que Bombieri [1, theorem 2] a obtenu le résultat analogue pour toute surface de type général sous la condition $p_g \geq 3$.

Nous étudions maintenant le degré de Φ_{2K}. Par le théorème d'annulation de Kodaira-Mumford, on a

(27) $$p_2(S) = \chi(\mathcal{O}_S) + K_S^2$$

pour toute surface minimale de type général S, en particulier $p_2(S) \geq 2$, avec égalité si et seulement si $p_g(S) = q(S) = 0$, $K_S^2 = 1$. Si $p_2 = 2$, l'application bicanonique n'est pas génériquement finie, donc nous pouvons supposer $p_2 \geq 3$, dans ce cas nous savons (Xiao [1]) que Φ_{2K} est génériquement fini. De plus, si $p_2(S) = 3$, l'image de Φ_{2K} est le plan projectif $\mathbb{P}^2$, donc le théorème 5.5 montre que $\deg \Phi_{2K} = 4$ ou 8, suivant que $K_S^2 = 1$ ou 2.

Théorème 5.6. Soit S une surface minimale de type général ayant un pinceau de courbes de genre 2. Supposons en plus $p_2(S) \geq 4$. Soient p_g, q, K^2 les invariants numériques de S, Φ_{2K} l'application bicanonique. Nous avons $\deg \Phi_{2K} = 2$ sauf dans les cas suivants :

i) $p_g = q = 4$, $K^2 = 8$, S est le produit de deux courbes de genre 2 : dans ce cas $\deg \Phi_{2K} = 4$;

ii) $p_g = 2$, $q = 1$ ou 2, $K^2 = 4$, S a deux pinceaux de courbes de genre 2 : dans ce cas $\deg \Phi_{2K} = 4$;

iii) $p_g = 1$, $q = 0$, $K^2 = 4$, S a un pinceau de courbes de genre 2 et un pinceau sans point de base de courbes de genre 3, ces deux pinceaux se coupant par 4 : dans ce cas $\deg \Phi_{2K} = 4$;

iv) $p_g = 1$, $q = 0$, $K^2 = 2$ ou 3 : $\deg \Phi_{2K} = 2$ ou 4 ;

v) les surfaces ayant une fibration de genre 2 proche de l'une des fibrations dans les cas i) et ii) : ce sont des surfaces avec soit $p_g = q = 2$, $K^2 = 8$, soit $p_g = q = 1$, $K^2 = 4$. Dans ce cas deg $\Phi_{2K} = 4$.

<u>Démonstration</u> : Il est clair que quand S a un pinceau de courbes de genre 2, Φ_{2K} se factorise par le revêtement hyperelliptique, donc deg Φ_{2K} est un nombre pair. Maintenant soit d le degré de l'image de Φ_{2K} dans $\mathbb{P}^{p_2-1}$. Puisque Im Φ_{2K} est une surface non-dégénérée dans $\mathbb{P}^{p_2-1}$, on a $d \geq p_2 - 2 = \chi + K^2 - 2$. D'autre part, on a $d \times$ deg $\Phi_{2K} = 4K^2$ par le théorème précédent, donc

(29) $$ \text{deg } \Phi_{2K} \leq \frac{4K^2}{\chi + K^2 - 2} . $$

En particulier, deg $\Phi_{2K} = 2$ quand $\chi \geq 3$. Compte tenu de la proposition 4.1, on peut supposer que le pinceau n'a pas de point de base, et qu'il y a une fibration associée $f : S \longrightarrow C$. Maintenant Φ_{2K} se factorise par

$$ S \dashrightarrow^{\hat{\Phi} \circ \rho^{-1}} \hat{P} \xrightarrow{\mu} \mathbb{P}^{p_2-1} , $$

où μ est défini par $|\hat{M}|$, avec deg $\mu = \frac{1}{2}$ deg Φ_{2K} .

Remarquons d'abord que dans les cas i) et ii), la base de l'un des pinceaux n'est pas rationnelle (voir le théorème 6.5 plus loin), donc les deux quotients hyperelliptiques de S ne s'accordent pas. Comme Φ_{2K} se factorise par chacun des deux quotients, deg Φ_{2K} est au moins 4. Puis (29) montre que dans ces cas deg $\Phi_{2K} = 4$. De plus, par définition, on a un même système linéaire $|\hat{M}|$ pour les fibrations proches, donc dans le cas v), on a aussi deg $\Phi_{2K} = 4$.

Maintenant regardons le comportement de μ sur une fibre générale F dans $\hat{P}$. Comme $\hat{M}F = 2$, $\mu(F)$ est au plus une conique.

Notons par X l'image de $\hat{P}$ dans $\mathbb{P}^{p_2-1}$.

<u>Lemme</u> 5.7. Soit $f : S \longrightarrow C$ une fibration de genre 2 telle que S soit minimale de type général avec $p_2(S) \geq 4$. Alors $\mu(F)$ est une conique sauf si b = 0 , et :

1) $\chi = 2$, $K^2 = 4$, $|\hat{M} - 2F|$ est un pinceau sans point de base ;

2) $p_g = 1$, $q = 0$, $K^2 = 2$ ou 3 .

De plus, dans le premier cas, $\mu(F)$ est une droite.

<u>Démonstration</u> : Supposons que $\mu(F)$ soit une droite. Alors $\deg \mu$ est un nombre pair, et (29) avec notre hypothèse donnent $\deg \mu = 2$. Dans le cas où $b \neq 0$, X est une surface non-rationnelle de degré $\leq K^2$ dans l'espace $\mathbb{P}^{\chi+K^2-1}$, $\chi+K^2-1 \geq K^2$, donc le lemme 5.3 dit que X est un cône, autrement dit il y a une multisection E dans S qui est contractée par Φ_{2K} . Compte tenu du théorème 5.5, ceci entraîne que $EK_S = 0$, ou que E est une droite puisque S est minimale de type général, ce qui est une contradiction parce que f induit une projection de E sur C qui est une courbe non-rationnelle.

On peut donc supposer $b = 0$. Maintenant X étant une surface rationnelle réglée en droites dans l'espace $\mathbb{P}^{\chi+K^2-1}$, il est bien connu que $d = \deg X = \chi+K^2-2$, d'où $\chi = 2$ parce que $d = K^2$. Ensuite $K^2 \geq 2$ par hypothèse.

Soit X' la désingularisation minimale de X . X' est une surface rationnelle avec invariant $e(X') \geq 0$, et le morphisme $X' \longrightarrow \mathbb{P}^{p_2(S)-1}$ est défini par le système linéaire $|(1,\frac{1}{2}(K_S^2+e(X'))|$. Nous allons démontrer que $K^2 \leq 4$.

En effet, le morphisme μ étant de degré 2, il induit une involution birationnelle de $\hat{P}$, qui se relève facilement en un automorphisme birationnel σ_S de S . Par l'unicité du modèle minimal de S , σ_S est un automorphisme global de S au-dessus de C . Puis par la canonicité de la construction de $\hat{P}$, σ est globalement définie, et $\hat{R}$ est stable sous σ , où $\hat{R}$ est le transformé strict de R :

$$\hat{R} \equiv \psi^*(6,3e+n) - 3\sum_{i=1}^{2s} \mathscr{E}_i \ .$$

Soit $C_0(X')$ la section négative de X'. L'image réciproque C_1 de $C_0(X')$ dans $\hat{P}$ est linéairement équivalente à $\hat{M} - \frac{1}{2}(K^2+e(X'))F$, où F est une fibre de $\hat{P}$ sur C , donc C_1 est soit une 2-section à carré $-2e(X')$, soit 2 fois une section à carré $-\frac{1}{2}e(X')$. Nous avons

$$\begin{aligned} \hat{R}C_1 &= (6,3e+n)(2,\tfrac{1}{2}K^2+e+1-\tfrac{1}{2}e(X')) - 6s \\ &= 3K^2+6-3e(X')+2n-6s \\ &= 4-K^2-3e(X') \ , \qquad \text{(par (5'))} \end{aligned}$$

donc lorsque $e(X') > 0$, $\hat{R}C_1 < 0$, c'est-à-dire $\hat{R}$ et C_1 a une composante E en commun. Puisque σ échange les deux points d'intersection de C_1 avec une fibre générale, et que $\hat{R}$ est stable sous σ , on a

$E = C_1$ dans le premier cas, $E = \frac{1}{2}C_1$ dans le deuxième. De toute façon on doit avoir $(\hat{R}-E)C_1 \geqq 0$ parce que $\hat{R}$ est réduit, d'où

$$(30) \qquad e(X') + K^2 \leqq 4 ,$$

donc $K^2 \leqq 4$ parce que $e(X') \geqq 0$. De plus, quand $K^2 = 4$, on a $e(X') = 0$, donc l'image réciproque du pinceau horizontal dans $X' = X$ est un pinceau sans point de base $|\hat{M}-2F|$.

Il reste à considérer le cas $\chi = 2$, $K^2 = 4$, $|\hat{M}-2F|$ sans point de base. Dans ce cas $|\hat{M}-2F|$ est un pinceau connexe parce que $q(\hat{P}) = 0$, et la formule d'adjonction montre qu'une fibre générale G de ce pinceau est de genre 2. Maintenant $\hat{M}|_G = 2F|_G$ est deux fois le diviseur canonique, donc μ restreint à G est de degré 2, ce qui entraîne $\deg \mu = 2$. CQFD

Montrons d'abord le théorème pour le cas $b = 0$. Remarquons que par l'hypothèse $p_2 \geqq 4$, $\mu(F)$ est contenue dans un hyperplan, c'est-à-dire il y a un diviseur $D \in |\hat{M}|$ qui contient F. Comme $D+|F|$ est un sous-système linéaire de $|\hat{M}|$, μ sépare les fibres, donc $\deg \mu = \deg \mu|_F$. Grâce au lemme 5.7, il nous suffit d'examiner le pinceau sans point de base $|2K_S-2F|$ dans le cas $\chi = 2$, $K^2 = 4$, $\deg \Phi_{2K} = 4$. On a $p_g = 1$ ou 2. Si $p_g = 1$, $|2K-2F|$ est un pinceau rationnel (on a $q = 0$), donc connexe parce que $\dim|2K-2F| = \dim \Phi_{2K}|2K-2F| = 1$. La formule d'adjonction montre tout de suite que c'est un pinceau de courbes de genre 3. Si $p_g = 2$, on voit par les résultats des §§1 et 2 que $|K_S-F|$ contient un diviseur connexe D, avec $|2D| = |2K-2F|$. Si $|2D|$ est un pinceau connexe, sa base est rationnelle, donc le théorème d'annulation de Ramanujam montre que $H^1(-D) = H^1(2K-F) = 0$, par conséquent il y a une surjection $H^0(2K) \twoheadrightarrow H^0_F(2K_F)$, qui dit que $\Phi_{2K}(F)$ est une conique, ce qui n'est pas notre hypothèse. Ceci montre que $|2K-2F|$ est un pinceau non-connexe. Il en résulte que c'est un pinceau de courbes de genre 2.

Pour démontrer le point iii) du théorème, soient $p_g = 1$, $q = 0$, $K^2 = 4$, $|F|$ et $|G|$ deux pinceaux de courbes de genre respectivement 2 et 3, avec $FG = 4$. Notons par σ l'involution de S induite par l'involution hyperelliptique des fibres de $|F|$, $\hat{P}$ la surface rationnelle comme d'habitude pour le pinceau $|F|$. Il est clair que $|G|$ est stable sous σ, donc l'image de $|G|$ dans $\hat{P}$ est un pinceau $|H|$ sans point de base, où un H général est une 2-section ou une 4-section de $\hat{P}$ sur la base de $|F|$. Si c'est une 2-section, on peut utiliser le lemme 5.7. On va démontrer que les H ne sont pas des

4-sections.

En effet, sinon puisque $H\hat{R}=0$ ($\hat{R}$ est comme dans la démonstration du lemme 5.7), les composantes de $\hat{R}$ sont contenues dans des fibres de $|H|$. De plus $(\hat{R})^2=0$, il est alors bien connu que chaque composante connexe de $\hat{R}$ est un multiple d'une fibre de $|H|$. Comme $\hat{R}$ est une 6-section de $\hat{P}$ sur la base de $|F|$, on peut trouver une composante $\hat{R}_1$ de $\hat{R}$ telle que $2\hat{R}_1$ soit une fibre de $|H|$. Mais ceci entraîne immédiatement qu'une fibre (donc toutes les fibres) de $|G|$ coupe le diviseur bicanonique sur une fibre générale de $|F|$, et on en déduit que les fibres de $|G|$ sont stables sous σ, ensuite leurs images dans $\hat{P}$ sont des 2-sections, contradiction.

Le théorème étant démontré pour le cas $b=0$, on peut supposer désormais que $b\geqq 1$, $\deg \mu \neq 1$. (29) nous dit que $\chi \leqq 2$. Si $\chi=2$, le lemme 5.7 montre que X est une surface non-dégénérée de degré K^2 dans $\mathbb{P}^{K^2+1}$ contenant une famille de coniques, donc on peut appliquer le lemme suivant :

<u>Lemme</u> 5.8. Soient X une surface non-dégénérée de degré d dans $\mathbb{P}^{d+1}$ $(d\geqq 2)$, qui contient un nombre infini de coniques, X' sa désingularisation minimale, avec $\nu : X' \longrightarrow \mathbb{P}^{d+1}$ le morphisme induit. Alors on est dans l'un des cas suivants :

1) $d=2$, $e(X')=0$, ν défini par $|(1,1)|$;
2) $d=2$, $e(X')=2$, ν défini par $|(1,2)|$;
3) $d=3$, $e(X')=1$, ν défini par $|(1,2)|$;
4) $d=4$, $e(X')=0$, ν défini par $|(1,2)|$;
5) $d=4$, X est la surface de Veronese.

<u>Démonstration</u> : Il est bien connu que si X n'est pas la surface de Veronese, elle est réglée en droites, c'est-à-dire ν est défini par un système linéaire $|(1,m)|$ sur X'. Par hypothèse, il y a un système linéaire sans partie fixe $|(a,b)|$ tel que $(a,b)(1,m)=2$. Si C_o est la section négative de X', on doit avoir $(a,b)C_o \geqq 0$, ce qui donne $b\geqq ae(X')$. Le reste est un calcul élémentaire. CQFD

Nous remarquons une chose. Quand $\deg \mu=2$, μ induit une involution globalement définie σ sur $\hat{P}$, comme dans la démonstration du lemme 5.7. Parce que $\hat{P}$ est une surface réglée sur base non-rationnelle, le réglage de $\hat{P}$ est stable sous σ, c'est-à-dire si F_1 et F_2 sont deux fibres générales de $\hat{P}$ sur C , F_1 ne rencontre pas $\sigma(F_2)$. De plus on a déjà vu que μ ne contracte aucune multi-section, donc dans l'espace quotient X , $\mu(F_1)$ et $\mu(F_2)$ ne s'intersectent pas, ce qui exclut la possibilité pour X d'être la surface de Veronese.

Supposons $\chi = 2$. Le théorème 2.2 donne $K^2 \geqq 4$, et (29) dit que $\deg \mu = 2$, donc la seule possibilité est le cas 4) du lemme 5.8, avec $X = X' \cong \mathbb{P}^1 \times \mathbb{P}^1$. Maintenant un petit calcul montre facilement que les images réciproques dans S des deux pinceaux de droites de $\mathbb{P}^1 \times \mathbb{P}^1$ sont des pinceaux de courbes de genre 2, on est donc dans le cas ii) du théorème.

Il reste les cas $\chi = 1$, $b = 1$ ou 2 par (2).

Le cas $b = 2$ est facile : (29) donne $\deg \mu = 2$ parce que $K^2 = 8$, et l'involution σ de tout à l'heure donne un diagramme commutatif

$$\begin{array}{ccc} P & \longrightarrow & X \\ \downarrow & & \downarrow \\ C & \longrightarrow & \mathbb{P}^1 \end{array} .$$

Comme $e(P) \leqq 0$ par 2.1, on a $e(X) \leqq 0$. Mais X est rationnelle, donc $e(X) = 0$, ou $X \cong \mathbb{P}^1 \times \mathbb{P}^1$, ce qui entraîne $P \cong \mathbb{P}^1 \times C$. Le reste est clair.

Supposons maintenant $b = \chi = 1$. Le théorème 2.1 donne $e = \pm 1$.

Soit $e = -1$. Alors $p_g = 1$, et l'unique diviseur dans $|L|$ est une section C_0 de P à carré 1. On a $\hat{M}\psi^* C_0 = K^2$, donc Riemann-Roch donne

$$\chi(\mathcal{O}_{\hat{P}}(\hat{M} - \psi^* C_0)) = \chi(\mathcal{O}_{\hat{P}}(\hat{M})) - K^2 = 1 \qquad \text{(voir (8))}.$$

Nous avons vu dans la partie ii) de la démonstration du théorème 5.5 que $H^1(\hat{M} - \psi^* C_0) = 0$, de sorte que $h^0(\hat{M} - \psi^* C_0) = 1$, autrement dit $\mu(\psi^* C_0)$ est une courbe non-dégénérée (non nécessairement réduite) dans un hyperplan de $\mathbb{P}^{K^2}$, ce qui donne $\deg \mu(\psi^* C_0) \geqq K^2 - 1$. Comme nous avons

$$\deg \mu \times \deg \mu(\psi^* C_0) = \hat{M}\psi^* C_0 = K^2 \geqq 3$$

par le fait que $|\hat{M}|$ n'a pas de point de base sur $\psi^* C_0$, nous en déduisons que $\deg X \geqq \deg \mu(\psi^* C_0) \geqq K^2$, d'où $\deg \mu \leqq 2$, avec égalité seulement si $\deg X = \deg \mu(\psi^* C_0)$. Mais nous avons un diviseur dans $|\hat{M}|$ qui contient $2\psi^* C_0$, donc $\deg X = \deg \mu(\psi^* C_0)$ seulement si les composantes non-contractées par μ de $\psi^* C_0$ sont composées de points fixes de l'involution σ induite par μ , ce qui n'est évidemment pas le cas parce que σ échange les fibres générales de $\hat{P}$, tandis que ψ^*C_o contient une section $\hat{C}_o$. Le cas $e=-1$ est donc exclu.

Soit $e=1$. Alors on a $K^2 \geqq 4$ par 2.2, et (29) dit que $\deg \mu = 2$, donc σ existe. Comme il y a un diviseur dans $|L|$ contenant la section négative C_o , le transformé strict $\hat{C}_o$ est stable sous σ . Par hypothèse, $\mu|_{\hat{C}_o}$ n'est pas birationnelle, donc on doit avoir $\deg \hat{M}|_{\hat{C}_o} \leqq 2$, comme dans la partie ii) de la démonstration du théorème 5.5. Maintenant 2.2 dit que R ne contient pas C_o , donc il y a au plus $\frac{1}{3}RC_o = \frac{1}{3}(K^2-4)$ (par (5')) points triples de R sur C_o ; donc

$$\deg \hat{M}|_{\hat{C}_o} \geqq \deg \hat{M}|_{\psi^*C_o} - \frac{1}{3}(K^2-4) \geqq 2 , \qquad \text{(par (7))}$$

avec égalité seulement si $K^2 = 4$, qu'est le cas que nous allons considérer.

En effet, dans ce cas C_o ne rencontre pas les points triples de R , donc ψ restreint à C_o est un isomorphisme, et on peut écrire simplement C_o au lieu de ψ^*C_o . Soit $|N|$ la partie mobile de $|\hat{M}-2C_o|$. Par les formules du §1, les diviseurs dans $|N|$ sont composés de deux fibres, donc $\dim|N| = 1$. Soit $F_1+F_2 \in |N|$ un tel diviseur. Par hypothèse que $\deg \mu = 2$, on doit avoir $\mu(F_1) = \mu(F_2)$, donc $\mu(F_1+F_2)$ est contenu dans un plan de $\mathbb{P}^{p_2(S)-1} = \mathbb{P}^4$, ce qui fait que $|\hat{M}-N|$ est aussi un pinceau.

D'autre part, $e=1$ entraîne que $f_*\omega_S$ est décomposable, c'est-à-dire il y a une section C_1 dans P telle que $C_1C_o = 0$. Mais il est clair que $|C_1-C_o|$ n'est pas vide, donc $|C_1|$ est un pinceau avec un seul point de base. Maintenant le pinceau $|C_1|$ est stable sous σ , donc il y a une section lisse, disons C_1 elle-même, qui est stable sous σ . Riemann-Roch donne $h^o(2L-C_1) = h^o(\hat{M}-\psi^*C_1) \geqq 1$ (voir la partie ii) de la démonstration de 5.5). Si $h^o(2L-C_1) = 1$, un raisonnement comme pour le cas $e=-1$ de tout à l'heure montre que $\deg \mu(\psi^*C_1) = 4$. Comme le diviseur dans $|\hat{M}|$ contenant ψ^*C_1 contient une autre section dont l'image par μ n'est pas dans $\mu(\psi^*C_1)$, on a $\deg X > 4$, ce qui contredit l'hypothèse $\deg \mu = 2$.

Nous avons par conséquent $h^o(2L-C_1) = 2$, ce qui donne tout de suite $2C_1 \in |2L|$, c'est-à-dire le diviseur C_1-L est l'image réciproque d'un diviseur $\eta \in \mathrm{Pic}(C)$ tel que $2\eta \equiv 0$. Ceci montre que la fibration f est proche d'une fibration $f' : S' \longrightarrow C$ avec $p_g(S') = q(S') = 2$.

Maintenant la seule chose qui reste à faire pour la démonstration du théorème est de montrer que dans le cas $p_g = q = 2$, l'image réciproque de $|\hat{M}-N|$ dans S est un pinceau $|G|$ sans point de base et non-connexe, car alors la formule d'adjonction dit que c'est un pinceau de courbes de genre 2.

D'abord, comme $G^2 = 0$, $|G|$ n'a pas de point de base si $|\hat{M}-N|$ n'a pas de partie fixe, ce qui est immédiat : il y a un diviseur D dans $|\hat{M}-N|$ qui est la somme de $2C_0$ est les composantes verticales contractées par μ . Comme $(\hat{M}-N)C_0 = 0$, un diviseur général dans $|\hat{M}-N|$ ne rencontre pas C_0 , et par conséquent il ne rencontre pas les composantes contractées non plus.

Enfin, puisque $|L|$ a un point de base, il y a un diviseur D dans $|K_S|$ qui contient une fibre F . On constate tout de suite que $|G| = |2D-2F|$. Nous avons 2 sous-systèmes linéaires de $|2K-F|$: $|K_S| + (D-F)$ et $|G| + F$. Ils sont différents, et sont tous les deux de dimension 1. On en déduit que $h^0(2K_S-F) \geqq 3$. D'autre part, Riemann-Roch donne $\chi(\mathcal{O}_S(2K-F)) = 2$, donc $h^1(2K-F) > 0$. Maintenant on peut utiliser le théorème d'annulation de Ramanujam pour dire que la base de $|G|$ n'est pas rationnelle. Donc $|G|$ n'est pas connexe parce que $\dim|G| = 1$.

Le théorème est démontré dans tous les cas. CQFD

<u>Exemple</u> 5.9. Soit X' une surface rationnelle géométriquement réglée, avec $0 \leqq e(X') \leqq 2$. Soient $C_0(X')$ une (ou la) section à carré minimal de X', D_1 une section de classe (1,2), D_2 une section (1,4). D_1 et D_2 ont 6-e(X') points d'intersection. Supposons que ses points ne sont pas sur C_0 . Soient $X \longrightarrow X'$ l'éclatement de ces points, D le transformé strict de D_1+D_2 dans X , $\hat{P}$ le revêtement double de X ramifié le long de D . Prenons dans X' la somme de C_0 et un diviseur dans $|(2,2e)|$ qui ne passe pas par les points d'intersection de D_1 et D_2 , et soit $\hat{R}$ son image réciproque dans $\hat{P}$. Maintenant d'après le §1, à partir de $\hat{P}$ et $\hat{R}$, on peut construire une fibration de genre 2 $f : S \longrightarrow C$, et un petit calcul facile en utilisant les formules du §1 montre que c'est un cas iii) ou iv) du théorème 5.6, suivant le e(X') que l'on a choisi : $K_S^2 = 4-e(X')$, et que $\deg \Phi_{2K_S} = 4$, $\mathrm{Im}\, \Phi_{2K} = X'$.

<u>Exemple</u> 5.10. Comme dans l'exemple précédent, mais $e(X') = 0$, D_1 de classe (1,1), D_2 de classe (1,3), $\hat{R}$ est l'image réciproque de la somme de deux sections horizontales et une section (1,1), qui ne rencontrent pas les points d'intersection de D_1 et D_2 . La surface S

ainsi construite a $p_g = 1$, $q = 0$, $K^2 = 2$, deg $\Phi_{2K} = 4$, Im $\Phi_{2K} = X'$. Les images réciproques dans S des deux pinceaux de droites de $X' \cong \mathbb{P}^1 \times \mathbb{P}^1$ sont deux pinceaux de courbes de genre 2 qui se coupent par 4.

Il n'est pas difficile de prouver, compte tenu de la démonstration du lemme 5.7, que ces deux exemples épuisent toutes les possibilités de deg $\Phi_{2K} = 4$ dans le cas iv) (aussi dans le cas iii)) du théorème 5.6.

§6. NOMBRE DE FIBRATIONS DE GENRE 2 D'UNE SURFACE

L'intuition nous laisse pressentir qu'une surface assez générale ne peut avoir plusieurs fibrations de genre 2. Au contraire, lorsque la dimension de Kodaira de la surface est petite, on trouve souvent beaucoup de pinceaux de courbes de genre 2, surtout il y a des systèmes linéaires de dimension >1 dont les membres généraux sont des courbes de genre 2. Pourtant nous avons le résultat suivant.

Proposition 6.1. Soit g un entier positif. Sur une surface de type général (non nécessairement minimale), il n'y a qu'un nombre fini de pinceaux sans point de base composés de courbes de genre g.

Démonstration : Soit S la surface en question, S' son modèle minimal. Si $|F|$ est un pinceau de courbes de genre g sur S, avec F' l'image de F dans S', on a $K_{S'}F' \leqq K_S F = 2g-2$, donc $(F')^2$ est borné par le théorème de l'index. Il suffit de démontrer que sur S', il n'y a qu'un nombre fini de classes numériques de courbes F' avec $a=K_{S'}F'$ et $b=(F')^2$ fixes, car ceci entraîne que sur S, il n'y a qu'un nombre fini de classes numériques de courbes F de genre g et de carré nul. Mais dans une telle classe numérique, on peut avoir au plus un pinceau en question, d'où la proposition.

En effet, notons par K le diviseur canonique de S', on a

$$(K^2F'-aK)K = 0 ,$$

donc le théorème de l'index dit que la classe numérique de $K^2F'-aK$ est dans $\mathrm{Num}_-(S')$. Parce que $\mathrm{Num}_-(S')$ est un groupe discret à rang fini, et la self-intersection $(K^2F'-aK)^2 = K^2(bK^2-a^2)$ est un nombre fixe, on a qu'un nombre fini de choix pour la classe de $K^2F'-aK$, donc un nombre fini de classes pour F'. CQFD

La condition "S de type général" dans la proposition est essentielle, comme on le voit par l'exemple suivant.

Exemple 6.2. Une surface S avec $\kappa(S)=1$ qui admet un nombre infini de fibrations de genre g.

Soient C une courbe elliptique, $X=C\times C$, p_1 et p_2 les deux projections de X sur C. Nous prenons $2g-2$ fibres différentes de

p_2 , et $\Phi : S \longrightarrow X$ un revêtement double de X ramifié le long de ces $2g-2$ fibres. Quand $g > 0$, on a $\kappa(S) = 1$. Nous avons un nombre infini de fibrations elliptiques pour X dont les fibres coupent les fibres de p_2 par 1, donc les images réciproques par Φ de ces fibrations forment un nombre infini de fibrations de genre g pour S :

En effet, soit $\sigma : X \longrightarrow X$ l'automorphisme de X défini par

$$\sigma : (x,y) \longmapsto (x+ky,y) \ , \ x,y \in C, \ k \in \mathbb{Z}.$$

L'image par σ de la fibration p_1 est une autre fibration de X sur C , dont les fibres coupent une fibre de p_2 par 1, puirque p_2 est stable sous σ . On a ainsi un nombre infini de fibrations quand k varie dans $\mathbb{Z}$.

Certaines surfaces du cas B.3 du théorème 4.5 tombent dans le cadre de cet exemple.

De même, la condition "pour genre g fixe" dans la proposition 6.1 est essentielle :

<u>Exemple</u> 6.3. Une surface minimale S de type général qui admet un nombre infini de fibrations.

Soit $X = C \times C$ comme dans 6.2, et prenons un diviseur réduit D dans X qui est la somme de $2a$ fibres de p_1 et $2b$ fibres de p_2 , $a,b \in \mathbb{Z}^+$. Soient $\tilde{X}$ l'éclatement des points doubles de D , $\tilde{D}$ le transformé strict de D dans $\tilde{X}$, $S \longrightarrow \tilde{X}$ un revêtement double ramifié le long de $\tilde{D}$. On a $p_g(S) = ab+1$, $q(S) = 2$, $K_S^2 = 4ab$. S est minimale, parce qu'elle a une fibration relativement minimale sur une base non-rationnelle. Donc S est de type général, parce que $K_S^2 > 0$. Maintenant les images réciproques dans S des fibrations de X forment un nombre infini de fibrations.

On demande maintenant quand une surface de type général peut avoir plusieurs fibrations de genre 2. D'abord, dans un cadre plus général, on a :

<u>Proposition</u> 6.4. Soit S une surface minimale de type général ayant 2 pinceaux $|F_1|$ et $|F_2|$, avec $g(F_i) = g_i$, $i = 1,2$. Si $K_S^2 > 4(g_1-1)(g_2-1)$, alors S est isomorphe au produit de F_1 et F_2 .

Démonstration : Par hypothèse, on a $KF_i \leqq 2g_i-2$. Comme

$$\left(\frac{F_1}{KF_1}+\frac{F_2}{KF_2}-\frac{2K}{K^2}\right)K = 0 ,$$

le théorème de l'index donne

$$\left(\frac{F_1}{KF_1}+\frac{F_2}{KF_2}-\frac{2K}{K^2}\right)^2 \leqq 0 ,$$

ce qui entraîne que

(31) $$(F_1F_2)K^2 \leqq 2(KF_1)(KF_2) \leqq 8(g_1-1)(g_2-1) .$$

Si $K^2 > 4(g_1-1)(g_2-1)$, on a $F_1F_2 < 2$, donc $F_1F_2 = 1$, et on en déduit immédiatement que $S \cong F_1 \times F_2$. CQFD

Dans le cas $g=2$, on peut avoir plus de précision :

Théorème 6.5. Soit S une surface minimale de type général ayant 2 pinceaux de courbes de genre deux $|F_1|$ et $|F_2|$. Supposons $K_S^2 \leqq 4$. Alors on est dans l'un des cas suivants : (on note respectivement par b_1 et b_2 les genres des bases des deux pinceaux)

i) $p_g=1$, $K^2=2$, $q=0$, $F_1F_2=4$;

ii) $p_g=q=1$, $K^2=2$, $F_1F_2=3$, $b_1+b_2=1$;

iii) $p_g=2$, $q=1$, $K^2=4$, $F_1F_2=2$, $b_1+b_2=1$;

iv) $p_g=q=2$, $K^2=4$, $F_1F_2=2$, $b_1=b_2=1$;

v) $p_g=K^2=4$, $q=0$, $F_1F_2=2$;

vi) $K^2 \leqq p_g \leqq 3$, $q=0$;

vii) peut-être des surfaces avec $p_g=q=0$, $K^2=1$.

De plus, dans les cas i) à v), il n'y a pas d'autre pinceau de courbes de genre deux sur S .

Démonstration : Supposons $b_1 \geqq b_2$, et nous reportons le cas $b_2=0$, $\chi=1$ à la fin de la démonstration, donc nous supposons d'abord $b_2+\chi \geqq 2$.

D'après l'inégalité (31), nous devons avoir

(32) $$2 \leqq F_1F_2 \leqq \frac{8}{K^2} .$$

Remarquons que par l'inégalité $K^2 \geqq 2\chi+6(b_1-1)$, nous avons deux possibilités : soit $b_1=1$, $\chi \leqq 2$, soit $b_1=0$, $\chi \leqq 5$. Nous séparons les cas.

A) Supposons $b_1 = \chi = 1$. Par hypothèse, $b_2 = 1$.

Nous avons $p_g = q = 1$ ou 2 . Si $q = 1$, il y a un seul pinceau à base non-rationnelle, à savoir le pinceau associé à la fibration d'Albanese de S , donc $b_2 = 1$ n'est pas possible.

Si $p_g = q = 2$, on a $K^2 = 4$ par le §2. Il suffit donc de constater que $b_2 = 1$ dans ce cas, ce qui est immédiat parce que $b_2 \geq q-1 = 1$. C'est donc le cas iv) par (32).

B) Supposons $b_1 = 1$, $\chi = 2$. Les résultats du §2 donnent une seule possibilité : $p_g = 2$, $q = 1$, $K^2 = 4$. Comme dans le cas A), nous avons $b_2 = 0$, $F_1F_2 = 2$, c'est le cas iii).

C) Supposons $b_i = 0$, $q = 1$, donc $2 \leq p_g \leq 5$ par hypothèse. Dans ce cas $e_1 = e_2 = p_g+1$ (où e_i est l'invariant de la fibration associée à $|F_i|$), donc le théorème 5.1 dit que $|F_1|$ et $|F_2|$ coïncident tous au pinceau canonique de S , impossible.

D) Supposons $b_i = q = 0$, $F_1F_2 > 2$. (32) donne $K^2 \leq 2$, donc compte tenu de notre hypothèse, le seul cas à considérer est le cas $p_g = 1$, $K^2 = 2$, modulo les cas dans vi). Nous montrons que dans ce cas $F_1F_2 = 3$ n'est pas possible, donc $F_1F_2 = 4$ par (32) : nous avons $\deg \Phi_{2K} = 2$ ou 4 par 5.6. Si $\deg_{\Phi 2K} = 2$, il y a une involution de S induite par Φ_{2K} , sous laquelle F_1 et F_2 générales sont stables, ce qui implique immédiatement que F_1F_2 est un nombre pair ; si $\deg_{\Phi 2K} = 4$, on voit par la démonstration du théorème 5.6 que F_1 et F_2 sont les images réciproques de deux droites dans P^3 , donc $F_1F_2 = 4\Phi_{2K}(F_1)\Phi_{2K}(F_2) = 4.$

E) Supposons $b_i = 0$, $F_1F_2 = 2$. (Dans ce cas nous n'avons pas besoin de supposer $\chi \neq 1$). Modulo les surfaces dans la remarque suivant 4.3 qui sont contenues dans le cas vi), nous pouvons supposer que $|F_1|$ et $|F_2|$ sont sans point de base, donc ces deux pinceaux définissent un morphisme génériquement de degré deux $S \xrightarrow{\tau} P = \mathbb{P}^1 \times \mathbb{P}^1$. Le lieu de branchement de τ dans P est un diviseur réduit de classe (6,6). Les invariants numériques de S sont uniquement déterminés par les singularités de ce diviseur R . Si R n'a pas de singularité non-négligeable, on trouve $p_g = K^2 = 4$, $q = 0$, c'est donc le cas v) ; sinon, nous renvoyons à Persson [3, §IV] pour dire que les singularités de R font descendre K^2 au moins aussi vite que χ , donc $\chi-1 \geq K^2 \geq 1$, puis la démonstration du cas C) donne $q = 0$. C'est le cas vi).

Montrons ensuite que dans les cas i), iii), iv) et v), il n'y a pas un troisième pinceau $|F_3|$ de courbes de genre 2 sur S . Mais dans ces cas on a égalité dans (32), donc le théorème de l'index dit que

$K^2(F_1+F_2)$ est numériquement équivalent à $4K$. De la même façon, on a

$$K^2(F_1+F_3) \sim 4K ,$$

ce qui donne $F_2 \sim F_3$, en particulier $F_2F_3 = 0$, donc $|F_2| = |F_3|$.

Maintenant nous examinons le cas $\chi = 1$, $b_2 = 0$. Comme dans le §4, nous avons $K^2 = 2$ ou 3 modulo le cas vii) ; de plus, quand $K^2 = 3$, on a $\deg \Phi_{2K} = 2$ par le théorème 5.6, et $F_1F_2 = 2$ par (32), donc d'après la remarque dans le début de la démonstration de 5.6, $b_1 > 0$ n'est pas possible ; mais le cas $b_1 = 0$ est contenu dans la partie E) en haut, donc n'est pas possible non plus. Il nous reste donc le cas $K^2 = 2$.

<u>Lemme</u> 6.6. Soient $\chi = 1$, $K^2 = 2$, $b_2 = 0$. Alors $b_1 = 1$ (donc $p_g = q = 1$).

<u>Démonstration</u> : Supposons au contraire $b_1 = 0$. L'inégalité (32) donne $2 \leqq F_1F_2 \leqq 4$. Nous avons vu dans la partie E) que $F_1F_2 = 2$ n'est pas possible. D'autre part, si $F_1F_2 = 4$, alors le théorème de l'index dit que $F_1+F_2 \sim 2K$, ce qui donne $H^1(F_1+F_2) = 0$ (cf. Bombieri [1]). Riemann-Roch donne ensuite $h^0(F_1+F_2) = 3$, ce qui est une contradiction parce qu'il est évident que $h^0(F_1+F_2) \geqq h^0(F_1) + h^0(F_2) = 4$.

Il reste donc le cas $F_1F_2 = 3$. Soit σ_1 l'involution de S induite par les involutions hyperelliptiques des fibres de $|F_1|$. Nous avons 2 possibilités pour $\sigma_1(|F_2|)$: soit $\sigma_1(|F_2|) = |F_2|$, soit $\sigma_1(|F_2|) = |F_3|$, où $|F_3|$ est un troisième pinceau de courbes de genre 2 à base rationnelle, avec $F_3F_1 = F_3F_2 = 3$.

Si $\sigma_1(|F_2|) = |F_2|$, nous avons exactement deux fibres F_2' et F_2'' de $|F_2|$ qui sont stables sous σ_1 . Soit Q le diviseur dans S formé de points fixes non-isolés de σ_1 . Q est contenu dans $F_2'+F_2''$. Comme $F_1Q = F_1(F_2'+F_2'') = 6$, $F_2'+F_2''-Q$ est contenu dans des fibres de $|F_1|$. De plus, tout point fixe isolé de σ_1 est dans $F_2'+F_2''$. Maintenant il y a une fibre singulière F_1' de type A) du §1 dans $|F_1|$ (voir la remarque 2.4, i), ayant 2 composantes Γ_1 et Γ_2 comme dans le §1. On sait que Γ_1 et Γ_2 sont stables sous σ_1 , donc le point d'intersection de Γ_1 avec $F_1'-\Gamma_1$ est un point fixe isolé de σ_1 , qui est donc contenu disons dans F_2' . Puisque F_2' est connexe, on peut supposer $\Gamma_1 \subset F_2'$. Mais si m est la multiplicité de Γ_1 dans F_2' , on a $2 = KF_2' \geqq mK\Gamma_1 = m$, donc $\Gamma_1F_2' \geqq Q\Gamma_1 - m = 3-m \geqq 1$ (parce que $|F_2|$ n'a pas de point de base), ce qui est une contradiction.

Supposons $\sigma_1(|F_2|) = |F_3|$. D'abord, il n'existe pas un quatrième pinceau $|F_4|$ avec $F_4F_1 = F_4F_2 = F_4F_3 = 3$: sinon $(F_1+F_2+F_3+F_4-4K)K = 0$, $(F_1+F_2+F_3+F_4-4K)^2 = 4 > 0$, contradiction avec le théorème de l'index. Par conséquent, si σ_2 (resp. σ_3) est l'involution de S correspondant à $|F_2|$ (resp. $|F_3|$), on a $\sigma_2(|F_1|) = |F_3|$, $\sigma_3(|F_1|) = |F_2|$, etc. Ceci montre que les σ_i engendrent un sous-groupe d'automorphismes G de S qui est isomorphe au groupe symétrique S_3 . Comme Φ_{2K} se factorise par les quotients de ces σ_i , Φ_{2K} se factorise par le quotient de G . Mais G est d'ordre 6, donc deg Φ_{2K} est un multiple de 6, ce qui est une contradiction parce que d'après 4.9, deg $\Phi_{2K} = (2K)^2 = 8$. CQFD

<u>Lemme</u> 6.7. Soient $\chi = 1$, $K^2 = 2$, $b_1 = 1$, $b_2 = 0$. Alors $F_1F_2 = 3$, et S n'a pas d'autre pinceau de courbes de genre 2.

<u>Démonstration</u> : La seule chose qui reste à prouver est que F_1F_2 n'est pas égal à 2 ou 4. Si $F_1F_2 = 2$, on a un morphisme génériquement de degré deux $\nu : S \longrightarrow C \times \mathbb{P}^1$, où C est la base de $|F_1|$, et le lieu de branchement de ν sur $C \times \mathbb{P}^1$ est un diviseur Q de classe (6,2). Comme Q ne peut pas avoir de singularité non-négligeable, ceci donne tout de suite $\chi(\mathcal{O}_S) = 2$, contradiction.

Supposons $F_1F_2 = 4$, et soit σ_1 l'involution de S induite par les involutions hyperelliptiques des fibres de $|F_1|$. Comme dans la démonstration de 6.6, nous avons $\sigma_1(|F_2|) = |F_2|$ (ceci est une conséquence facile du théorème de l'index parce que $F_1+F_2 \sim 2K$), et deux fibres F_2' , F_2'' stables sous σ_1 . Mais maintenant $8 = (F_2'+F_2'')F_1 > QF_1 = 6$, où Q est formé de points fixes non-isolés de σ_1 , donc on peut supposer que F_2' ait une composante Γ_1 non-contenue dans Q ni dans une fibre de $|F_1|$. De même, F_2' a aussi une composante Γ_2 dans Q , mais Γ_2 n'est pas dans une fibre de $|F_1|$. Comme la base de $|F_1|$ n'est pas rationnelle, Γ_1 et Γ_2 sont deux courbes elliptiques, ce qui entraîne que F_2' est une fibre singulière de type A, avec Γ_1 et Γ_2 comme dans le §1. De plus la projection de Γ_1 sur la base de $|F_1|$ est un morphisme étale, ce qui veut dire que σ_1 restreint à Γ_1 est une involution sans point fixe. Mais ceci n'est pas possible, parce que le point d'intersection x de Γ_1 avec $F_2'-\Gamma_1$ est caractéristique, si σ_1 laisse stable F_2' et Γ_1 , elle doit envoyer x à x . Donc $F_1F_2 = 4$ n'est pas possible. CQFD

Le théorème 6.5 est démontré dans tous les cas.

Nous avons déjà vu un exemple du cas i) du théorème (exemple 5.10) ; tous les exemples du cas ii) (lemme 4.8) ; le cas v) est très facile : il suffit de prendre un diviseur de classe (6,6) sans point singulier et faire un revêtement double ; quant au reste, nous avons :

<u>Exemple</u> 6.8. Soient $X = C_1 \times C_2$ un produit de deux courbes, $g_i = g(C_i)$, D_i un diviseur de degré $2d_i$ sur C_i, tel que $|D_i|$ soit sans point de base, et supposons que $2g_1+d_1-1 = 2g_2+d_2-1 = g$. Prenons un diviseur lisse R dans le système linéaire $|p_1^*(D_1)+p_2^*(D_2)|$, et soit S un revêtement double de X ramifié le long de R. Alors l'image réciproque des deux projections de X sont deux fibrations de genre g pour S, dont les fibres se coupent par deux. Les bases de ces deux fibrations sont respectivement C_1 et C_2.

Les cas iii) et iv) du théorème 6.5 tombent dans le cadre de cette construction.

<u>Exemple</u> 6.9. Une surface avec 191 pinceaux de courbes de genre 2.

Soient P la surface rationnelle avec $e(P) = 2$, C_o la section négative de P. Prenons dans P un diviseur effectif et réduit D de classe (5,10) n'ayant pas de singularité non-négligeable, et qui ne contient pas C_o. Pour simplicité, nous supposons que D n'a que des points doubles ordinaires. Dans le cas extrême, nous pouvons prendre pour D la somme de 5 sections (1,2) en position générale, il y a alors 20 points doubles de D qui sont les points d'intersection de deux sections dans D. Soient S' le revêtement double de P ramifié le long de $D+C_o$, $\tilde{S}$ la désingularisation minimale de S'. D'après les formules du §1 et la proposition 4.3, on sait que $\tilde{S}$ est une surface de type général avec un point éclaté. Son modèle minimal S est donc une surface avec $p_g = 2$, $q = 0$, $K^2 = 1$. Maintenant si $|H|$ est un pinceau sur P formé de sections (1,2) passant par 2 points doubles de D, il est clair que l'image réciproque $|F|$ de $|H|$ dans S est un pinceau de courbes de genre 2. Dans le cas extrême, on peut trouver ainsi $\binom{20}{2} = 190$ pinceaux différents. Ajoutés avec le pinceau canonique de S, cela donne au total 191 pinceaux de courbes de genre 2 sur S.

Il est un exercice facile de montrer que S ne contient pas d'autre pinceau de courbes de genre 2.

Exemple 6.10. Une surface avec 28 pinceaux de courbes de genre 2.

Soit D la somme de 8 droites en position générale dans le plan $\mathbb{P}^2$. D a 28 points doubles qui sont les points d'intersection des droites dans D . Soient S' le revêtement double de $\mathbb{P}^2$ ramifié le long de D , S la désingularisation minimale de S'. S est alors une surface minimale de type général avec $p_g = 3$, $q = 0$, $K^2 = 2$, ayant 28 pinceaux de courbes de genre 2 : l'image réciproque dans S d'un pinceau sur $\mathbb{P}^2$ formé de droites passant par un point double de D en est un.

BIBLIOGRAPHIE

S.Ju. ARAKELOV [1].- Families of algebraic curves with fixed degeneracy. Math. USSR Izvestija vol. 5 (1971), n° 6.

A. BEAUVILLE [1].- L'inégalité $p_g \geqq 2q-4$ pour les surfaces de type général, Appendice à O. Debarre : "Inégalités numériques pour les surfaces de type général", p. 319-346, Bulletin de la SMF, tome 110, fasc. 3 (1982).

[2].- Le nombre minimum de fibres singulières d'une courbe stable sur $\mathbb{P}^1$, dans "Séminaire sur les Pinceaux de Courbes de Genre au moins deux", astérisque 86, SMF 1981.

[3].- L'application canonique pour les surfaces de type général. Inv. Math. 55, p. 121-140 (1979).

[4].- Surfaces Algébriques Complexes. Astérisque 54, SMF 1978.

E. BOMBIERI [1].- Canonical models of surfaces of general type. Publication IHES n° 42, p. 171-219 (1973).

O. DEBARRE [1].- Inégalités numériques pour les surfaces de type général. Bulletin de la SMF, p. 319-346, tome 110, fasc. 3 (1982).

T. FUJITA [1].- On Kahler fiber spaces over curves. J. Math. Soc. Japan Vol 30, n° 4, p. 779-794 (1978).

R. HARTSHORNE [1].- Algebraic Geometry. Springer-Verlag 1977

E. HORIKAWA [1].- On algebraic surfaces with pencils of curves of genus 2, in Complex Analysis and Algebraic Geometry, a volume dedicated to Kodaira, p. 79-90, Cambridge 1977.

[2].- Algebraic surfaces of general type with small c_1^2. III., Inv. Math. 47, p. 209-248 (1978).

K. KODAIRA [1].- On compact analytic surfaces II. Annals of Math., vol. 77, n° 3, p. 563-626 (1963).

Y. MIYAOKA [1].- Tricanonical maps of numerical Godeaux surfaces. Inv. Math. 34, p. 99-111 (1976).

D. MUMFORD [1].- Abelian Varieties. Oxford Univ. Press 1970.

M. NAGATA [1].- On self-intersection number of a section on a ruled surface. Nagoya Math. J. 37, p. 191-196 (1970).

Y. NAMAKIWA & K. UENO [1].- The complete classification of fibres in pencils of curves of genus two. Manuscripta Math. 9, p. 143-186 (1973).

F. OORT & C. PETERS [1].- A campedelli surface with torsion group $\mathbb{Z}/2\mathbb{Z}$. Proceeding A 84(4) (1981).

U. PERSSON [1].- Chern invariants of surfaces of general type. Compositio Math. 43, Fasc. 1, p. 3-58 (1981).

[2].- A family of genus two fibrations, in Algebraic Geometry. Springer Lecture Notes in Math. n° 732 (1979).

[3].- Double coverings and surfaces of general type, in Algebraic Geometry. Springer Lecture Notes in Math. n° 687 (1978).

C.P. RAMANUJAM [1].- Remarks on the Kodaira vanishing theorem. J. of Indian Math. Soc. 36, p. 41-51 (1972).

M. REID [1].- π_1 for surfaces with small c_1^2, in Algebraic Geometry. Springer Lecture Notes in Math. n° 732, p. 534-544 (1978).

I. SATAKE [1].- Compactification des espaces quotients de Siegel, I, II, dans Séminaire H. Cartan, E.N.S. 1957/1958.

G. SHIMURA [1].- Introduction to the Arithmetic Theory of Automorphic Functions. Princeton Univ. Press 1971.

R. TSUJI [1].- On conformal mapping of a hyperelliptic Riemann surface onto itself. Kodai Math. Sem. Rep. Vol. 10, p. 127-136 (1958).

K. UENO [1].- Classification Theory of Algebraic Varieties and Complex Spaces. Springer Lecture Notes in Math. n° 439, 1975.

G. XIAO [1].- Finitude de l'application bicanonique des surfaces de type général, à paraître.

INDEX DES SYMBOLES

INDEX DE TERMINOLOGIE